U0160544

序一
Foreword I

2021 年春，马震聪将他厚厚的作品集《艺匠广厦》的初稿交予我手中，邀我写序。

华夏之广，北自白山黑水，南至天涯海角，气候各异、风貌迥然；华夏之博，各族文化多元共生、和而不同。近现代的岭南因地理经济的优势在中国历史上有着辉煌的时刻，与近年中国改革开放的历史进程同呼吸、共命运，展现出其独有的现代性与开放精神。《艺匠广厦》收录的作品集中反映了当代岭南，特别是广州的城市发展历程。作品根植于岭南，饱含对本土文化的深刻理解，也呈现出其建筑思想从传承到创新的发展轨迹。

建筑设计要树立整体观和可持续发展观，要体现地域性、文化性、时代性的和谐统一。

谈到文化，文化之于物化的演绎与建筑的艺术表现形式和审美价值紧密的关联在一起。广州图书馆、广州粤剧院的设计可读性在于其对传统街巷中、纵横河道中所映射的岭南乡土生活的理解。这种理解抽象于光、影、色彩、空间和形态之中，并通过现代技术语汇表达出来，容纳了岭南人的宁静与悠扬，也是我们所熟悉的生活场景。

面对瞬息万变的时代，技术的更迭给建筑设计带来了前所未有的爆发力。珠江城项目和白天鹅宾馆改造项目中，设计对于"气候变暖、降低建筑碳排放"的全球命题给出了时代的回答，以提高能效、降低能耗为目标导向，探索低碳可持续技术系统性的应用。

建筑是城市空间的重要组成部分，广州周大福金融中心、广州太古汇和广州东站整体开发的东方宝泰项目正充分展现了设计基于城市设计维度构建空间形态的逻辑，也体现了建筑师的整体观。

"长隆海洋王国"项目将一个快乐的城市浓缩在公园之中，游览路线的规划，家庭休闲的驿站、高技术的海洋生物场馆落地，于趣味中展现出建筑师潜心钻研、"以人为本"的设计理念。

我与马总相识已久，他是一个谦逊温和的人，交往中话语不多，但有着对高品质设计追求的执着和勇于探索创新的专业精神。

深入阅读《艺匠广厦》，内容注重理论与实践的结合，图文并茂，不乏广东地区标志性建筑。每一个作品背后的设计理念、技术路线、难点方略，甚至创作过程中的故事，都是我们这个时代的再现，一个过去与未来、艺术与技术、传统与创新思想碰撞的时代。

何镜堂
2021.3.18.

何镜堂
中国工程院院士
全国工程勘察设计大师
首届"梁思成建筑奖"获得者

序二
Foreword II

马震聪 1986 年从华南工学院建筑学毕业后，分配到我院工作，与他同时期来的还有清华、同济等名校毕业生，都是非常优秀的人才。最早留意到他，是在 20 世纪 90 年代初，我主持设计广州花地湾中心项目之时。该项目由 5 幢塔楼包括酒店、写字楼、公寓和裙楼等组成，对比我院率先设计的全国最早的城市综合体——天河城，花地湾中心项目仍具较大挑战性。因为规模更大，建筑面积近 70 万平方米，功能也更加复杂，裙楼商场横跨城市干道，地铁一号线从地下穿过……由马震聪带领的设计团队，从方案到初步设计都完成得非常出色。他给我留下的最初印象是责任心强，踏实肯干，徒手画草图的基本功非常扎实。经过近 20 年的历练，马震聪从一名普通助理工程师成长为教授级高级工程师。2004 年，他接任我成为广州市设计院副院长兼总建筑师。

在国家改革开放之际，城市快速发展的过程中，马震聪把准时代脉搏、抓住历史机遇，释放出巨大的能量与活力。依托广州市设计院平台，以其创新的设计理念、别具一格的建筑风格和科学严谨的态度，带领团队设计出一批技术领先、质量上乘、富有时代特色的建筑工程设计精品，如广州图书馆、广州珠江城（烟草大厦）、广州太古汇、广州粤剧院、湖南省人民会堂等，其中部分作品已成为广州市新一代地标建筑，产生了巨大的影响力。

除常规建筑之外，马震聪还涉及主题公园建筑领域，这对建筑师来说是一个全新的挑战，除建筑、景观、水电等常规专业外，还涉及动物饲养、维生系统、内外包装和游乐设备等其他专业，其设计之复杂、协调之困难可见一斑。但马震聪及其团队不惧困难，勇于创新，打破传统设计的固有范式，将主题公园建筑由原初的游览空间打造成集参观、游乐、餐饮等多元复合的体验空间，并统称这一类建筑为"快乐建筑"，极大地深化作品意蕴，也取得了巨大的社会效益。凭借近十年创作经验积累，马震聪已成为主题公园建筑领域的著名专家。

马震聪以其大量的优秀作品获得了业界认同和社会赞誉，被评为"当代中国百名建筑师"和首届"广东省勘察设计大师"。"桃李不言，下自成蹊。"祝愿马震聪大师在以后的建筑创作中更上一层楼。

2021.2.8.

郭明卓
全国工程勘察设计大师

目录

Content

对话建筑师

访谈并整理：华南理工大学建筑学院南方建筑编辑部 —— 邵松、黄璐

A Dialogue
with the Architect

一、 建筑文化篇

岭南文化与岭南建筑

马总，您从大学开始几十年来一直学习、生活、工作在广州。广州是一座复杂而鲜活的城市，岭南文化多变、灵动和新颖。历史文脉的延续是保持城市特色最有效的方法，建筑创作产生于特定的历史和地域背景中，是文化传承的基本物质载体之一。从城市角度看，建筑设计应该均衡好整体形态的连续性与单体形态的独特性之间的关系，做到"和而不同"。城市需要个性化的建筑，创新应该被鼓励和尊重。20 世纪六七十年代以佘老（佘畯南）、莫老（莫伯治）为代表的前辈们创作了一批高质量且在全国具有广泛影响力的建筑，被学界称之为"岭南建筑"。形式的新与旧，空间的内与外，都很好地被融合。今日岭南，传承开放、务实进取之风，如何弘扬、焕发出新的活力？从建筑师的视角，您如何看待广州、看待岭南建筑？岭南建筑学派作为特定历史时期的产物能否传承？如何传承？如何协调传承与创新发展之间的关系和矛盾？

在中国近现代历史中，由于所处的独特地域条件、长期作为通商口岸等历史因素的多重作用，广州成为中国近代最早发生中西建筑文化碰撞和交流的重要地区之一。岭南文化是当地的原生文化、中原文化和海外文化交流、碰撞和结合的产物，它对不同文化和流派甚至对于移植文化都能以比较开放的态度对待，敢于吸收各种不同文化的养分而丰富自己，所以得到了不断的充实和发展。也因为岭南文化的包容性，使得不同的设计大师和不同风格的建筑在岭南地区能够和谐共融，在显现、突出个性的同时与环境友好对话。

著名建筑评论家、清华大学曾昭奋教授在 20 世纪 80 年代最早把中国建筑新风格分为北京的"京派"、上海的"海派"和广州的"广派"（"岭南派"）。自此之后，建筑界对"广派"建筑的发展更加关注。在"岭南建筑学派"发展期间产生了一批知名的岭南本土建筑师，如林克明、夏昌世、佘畯南、莫伯治等。其中，夏昌世作为岭南建筑学派的先驱人物，其创作思想产生了深远的影响；而当代岭南建筑最杰出的两位代表人物佘畯南和莫伯治，则把岭南派建筑推向了创作的高峰。一代代岭南建筑师的探索和创作，产生了一批有代表性的学术研究成果和反映其理论追求的建筑作品，岭南建筑也被越来越多的人了解并认可。

在 30 多年的职业生涯中，对我影响最大的应该是佘总 —— 佘畯南。佘总出生于越南，他是回国后开始接触和学习建筑的。佘总的根在广东，他非常了解岭南的气候、风情、文化等。他也非常注重探索、总结和发展岭南的建筑风格，将我国传统建筑文化理念，特别是庭园空间组织方法与国外注重使用功能的设计方法融为一体，在建筑风格和艺术上不断探索，形成了既有岭南文化特色又具现代色彩的建筑设计风格。像 20 世纪 60 年代的广州友谊剧院、70 年代的东方宾馆新楼、80 年代的白天鹅宾馆及中国驻西德大使馆等，这些作品既有现代建筑的典型特征，也是岭南建筑的代表性作品。

进入广州市设计院第三年，我负责设计由霍英东先生捐赠的广州市第一人民医院英东门诊楼，有幸得到佘畯南院士的指导。这个项目持续了 3 年，这期间我每周去佘总家 2~3 次讨论方案。让我印象特别深刻的是佘总家书房兼创作室的两用空间非常宽敞，中间有一张很大的绘图桌，书墙高筑直达顶棚，这些藏书包括世界知名大师作品集、主流建筑专业期刊和大量的专业书籍。毫不夸张地说，在当时连设计院的资料室都没有他这样丰富的建筑类藏书。

他除了在具体方案和技术措施上给我很多指导外，在职业发展上也给了我很多建议，其中他提到："作为一个建筑师，首先要不断学习、吸收其他国家先进的设计理念和做法，将之融合到我们的建筑设计中；其次建筑师的知识面要广，但同时也要专，要专注在某一领域，成为某一方面的专家。"佘总的这些建议影响了我的一生。

佘总的作品从建筑形体来说，非常现代，也符合当时全球的一些设计思潮，但内核还是中国的，具有岭南文化的灵魂。一方面他立足于当地，吸收、传承了传统建筑好的做法；另一方面他从不故步自封，不断地学习和借鉴其他国家、地区的先进的建筑理念和设计手法。

岭南建筑文化因其地域特点灵动而鲜活，岭南建筑的创作不拘于形式，开放、开敞，与大自然相互交融，既是人为的，也是自然的，灵活多变，形成一种独特的空间美学。但是不管是岭南建筑还是岭南学派，都不可能只停留在（20 世纪）六七十年代，它不是一个时代的符号，而要有生命力的。从某种意义上来说，岭南建筑是一种"活"的建筑，它随着社会的发展而发展，随着技术的进步而进步，也随着当地的人文历史、地理气候等条件的变化而变化，在不同时代以不同的形式呈现在我们面前。它既保留和传承岭南文化的根（所谓的根，就是指岭南的气候、人文特征等），同时也不断吸收和借鉴全球先进的、与时俱进的建筑理念和设计手法。传承与创新发展之间的关系并不矛盾，而是相互影响、融合在一起的。

岭南学派

您刚提到了岭南建筑有灵魂、并且是有根的，这个根是生发于我们广东特有的气候、环境、历史。您对"岭南建筑学派"的理解，能展开给我们谈一谈吗？

我个人认为"岭南建筑学派"的提法太窄了，事实上具有岭南特征的东西，不仅表现在建筑上，还涉及很多方面且紧密相关，比如说饮食、生活习惯、生活方式等，这些都是岭南文化的组成部分，折射出岭南的灵魂。拿骑楼来说，骑楼最早为沿海侨乡特有的南洋风情建筑，广州骑楼则由"竹筒屋"演变而成。随着商贸活动的影响，竹筒屋在原有基础之上加设外廊并逐渐增高，形成柱廊、楼体、顶部山花的三段式格局，柱廊段为临街店铺局部架空，作公共走廊，既满足了商业所需，又能应对岭南湿热多雨的气候，还囊括、解决了居民生活所需，茶楼亦遍布其中，传承源远流长的早茶文化。

所以不要把建筑单纯地看作建筑，实际上建筑可以跟文化有关，也可以跟饮食有关，跟气候有关，谈的更广泛一点会比较好。借用马歇尔·布鲁耶尔的一句话，"建筑既不是一个学派，也不是一种风格，而是一种进展"。在建筑创作中，传统文化的传承是手段，是创作的一个途径，它不是唯一的目的。从 19 世纪中期到近现代、再到现当代，岭南建筑经过不断的传承与创新，发展出各式各样新颖的设计手法，这些设计手法都遵循了建筑的客观适应性原理，是建筑对于气候环境、岭南社会的生活习惯、人在建筑环境中身心需求的适应。通俗一点来说，建筑实际上就是人们生活的一个载体，这个载体可能根据气候和文化的不同而发生改变，除此之外，随着时代的变迁，人们生活方式的改变也会带来建筑的发展。

岭南建筑传承与发展

您把岭南建筑的范围扩大了，不局限在某一时、某一地，也不局限在某一个特定的阶段。"岭南建筑学派"确实如您所说，是在特定历史时期的一些学者给它贴的标签。从某种意义上说，文化肯定是要发展、要与时俱进的，包括您刚提到的骑楼，骑楼实际上属于被动式建筑，是在主动式技术措施如空调还没有普及之前，为应对岭南气候而形成的。到如今科技发展、时代进步，最典型的一个特征是，从被动式向主动式的变化，现在空调、照明的使用都很普及。而传统岭南建筑的特点主要基于被动式技术而形成，在当今这个社会中是否还需要传承，要如何传承呢？

被动式设计和主动式设计一般是针对绿色建筑而言的。从广义上说，被动式设计主要是指在"前空调系统时代"，建筑设计为了应对自然气候而采取的合适朝向、蓄热材料、遮阳装置、自然通风等策略而生成的设计类型。这些策略更多的是被动接受或直接利用可再生能源，没有或者很少采用机械和动力设备。相对而言，主动式设计策略则主要涉及依赖于化石燃料等不可再生能源，而使用的空调和照明系统也包括利用风能、水能等可转换的电能方式，以及依赖于辅助机械和动力设备的太阳热能利用设备。

由于技术所限，传统岭南建筑主要采取的是被动式设计手法，但是随着社会的发展，技术不断升级，人们的需求也在发生变化，特别是我国人民生活水平的日益提高，大家主观上对于舒适度的要求也水涨船高，而主动式技术可以高效、精确地满足环境控制的需求，并为室内环境健康、舒适提供保证，特别是能满足对有限的国土空间资源的合理利用。但这并不意味着要抛弃被动式设计，传统岭南建筑在长期的实践中积累的应对自然气候的地方材料运用和建造方式，大量成功的被动式设计策略等，都是值得去传承的。虽然很难要求被动式设计像主动式设计策略那样精确、高效，但是好的被动式设计策略可以为主动式技

珠江城冷辐射天花单元件一

珠江城冷辐射天花单元件二

珠江城冷辐射天花单元件三

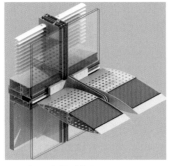
珠江城双层智能型幕墙

珠江城双层智能型遮阳板

珠江城光伏发电

术的高效利用提供一个良好的基础，主动式技术作为补偿措施，与被动式设计策略结合起来能够更好地达到减碳节能的目的。

像传统的岭南民居通过厅堂、天井、廊道的设置，形成不同的风压和热压，进行空气交换。现在的高层建筑也可以采用这种空间布局，通过设置核心中庭、空中连廊、底层架空等措施，有效促进空气循环。

为了减少夏季太阳的热辐射，岭南建筑经常在立面设置各种形式的遮阳措施，如飘出的阳台、回廊、凹廊和门窗等。现在的建筑已经发展成为一个非常复杂的系统工程。珠江城（广东烟草大厦）设计中，也采用了被动式遮阳技术，在建筑南侧裙楼以及东西两侧设置高密度水平深度无风阻型遮阳板，降低该位置建筑幕墙外表面温度及减少来自太阳辐射的影响。同时还在外围护结构采用智能型内置遮阳百叶的内呼吸窄通道双道玻璃幕墙，双道幕墙兼具热阻与湿阻的作用，减小空调负荷；根据内层玻璃表面温度控制的内呼吸系统，进一步改善临窗区域的热舒适性。

目前世界各国的环保意识都在逐步加强，在倡导绿色建筑、零碳建筑的大背景下，岭南建筑根据岭南地区的气候和环境特点，在继承传统的同时，要紧跟时代发展，注重建筑创新，注重科学技术发展影响下的新时代审美变化。材料、技术在发展，对新材料、新技术的应用将是未来建筑的大趋势，新的材料、新的工艺既提升了建筑艺术处理的灵活性，又将传统元素用符合时代发展的建筑语言表达出来，提倡节省材料、运用新型材料、减少投入的理念，注重营造更加舒适的建筑环境，形成现代岭南建筑的新特色、新气质。

岭南园林

传统岭南建筑十分注重环境的融合，特别是岭南园林兼容并蓄，形成了独特的风格，应如何传承？

岭南地区的传统园林别具一格，富有强烈的地域文化意蕴和审美感染力。园林布置既求真务实，又传神写意，布局通透开朗、层次分明，这种岭南特色鲜明的园林风格被传承下来，发展为现当代建筑的庭院空间，朴实典雅、通透轻盈。庭院理水，结合岭南人民的生活品位，营造丰富的空间层次，创造出独具文化品位的意境，实现理水与空间、文化与形式的结合。与自然环境有机结合是岭南建筑的一大特点。如南海博物馆形式多样的地面层架空设计，使得大自然的风、水、树、石都能穿越建筑得以延续，建筑对自然山地风貌的尊重，与自然的和谐得以充分的体现。

建筑的内部庭园之间，内庭园与外部自然环境之间，通过这些架空空间相互连接渗透、自由转换，形成了丰富的内外交融的灰空间体系。庭院设计中运用传统园林设计"借景""对景"等手法，将自然山体、水景等引入庭院内部，与自然对话，小中见大。力求营造出"庭园深深、别有洞天"的岭南园林意境。设计中尝试运用现代的园林设计手法演绎和再现石燕岩、石祠堂等西樵山古园林名胜的空间体验，让观众感受到西樵山古老的场所文脉元素。

中央城镇化工作会议提出："城镇建设要依托现有山水脉络等独特风光，让城市融入大自然，让居民望得见山、看得见水、记得住乡愁。"作为建筑师在建筑设计中，通常是采取岭南传统建筑一些特有的符号，像镬耳山墙、骑楼、屋顶等，把这些符号演绎运用在现代建筑中表现、传达独特的岭南文化，唤起岭南人的乡情、乡愁。当然最重要的是把文化传统传承下去，记住自己的根。

南海博物馆庭院

琶洲保利国际广场在面向内部庭院广场的一侧，东西裙楼设计了雨篷及遮阳百叶，使之可以遮挡东西面的日照及营造出沿着购物商店的半闭合行人通道，两个裙楼的玻璃大堂可以展示不同特色的项目；沿着塔楼的南北边缘设计了光棚屋盖的柱廊。这样设计形成的骑楼，既是花园的建筑边界，又成为进入建筑的入口通道，同时把裙楼和办公塔楼连成一体，为从高层塔楼通高门厅进入裙楼空间提供了视觉引导。

琶洲保利国际广场骑楼

建筑气质

您刚刚提到了"气质"这个词，通常来说，"气质"用来形容人，对建筑常用的词语可能有"风格""个性""性格"等，"建筑气质"这个词语我是第一次听到，您能详细给我们解读一下吗？

"气质"，在《辞海》里释为：人的相对稳定的个性特点和风格气度。从心理学角度来说，气质是人的个性心理特征之一，它是指在人的认识、情感、言语、行动中，心理活动发生时力量的强弱、变化的快慢和均衡程度等稳定的动力特征。

而气质在社会所表现的，是根据人的姿态、长相、穿着、性格、行为等元素结合起来，给别人的一种感觉，一个人从内到外的一种人格魅力。这里所指的人格魅力有很多，比如修养、品德、举止行为等，所表现的有高雅、高洁、恬静、温文尔雅、豪放大气、不拘小节等。所以，气质并不是自己所说出来的，而是自己长久的修养平衡以及文化修炼结合的一种表现，是持之以恒的结果。

简单来说人要有文化，有文化的人才有 气质，气质与文化、品相、精神面貌联系在一起。那么建筑也有气质和修养的问题，当然建筑的气质和修养都是建筑师赋予它的。建筑气质不同于以往常说的建筑"风格""个性""性格"，不仅是从建筑美学角度来说，它的范畴会更广一些。

曾经读过梁思成、林徽因合著的《平郊建筑杂录》一书中，有这么一段话：

"无论哪一个巍峨的古城楼，或一角倾颓的殿基的灵魂里，无形中都在诉说，乃至于歌唱，时间上漫不可信的变迁；由温雅的儿女佳话，到流血成渠的杀戮。它们所给的'意'的确是'诗'与'画'的。但是建筑师要郑重地声明，那里面还有超出这'诗''画'以外的意存在。眼睛在接触人的智力和生活所产生的一个结构，在光影恰恰可人中，和谐的轮廓，披着风露所赐予的层层生动的色彩；潜意识里更有'眼看他起高楼，眼看他楼塌了'凭吊兴衰的感慨；偶然更发现一片，只要一片，极精致的雕纹，一位不知名匠师的手笔，请问那时锐感，即不叫它做'建筑意'，我们也得要临时给它制造个同样狂妄的名词，是不？"

在我的理解中，书中所提的"建筑意"主要指的也是建筑的气质。在古代，不同类型的建筑，气质也是不同的。像宫殿建筑的气质是壮丽宏大的，大型府邸的建筑气质是雍容华丽的，庙宇、道观的建筑气质是庄重严肃的，民居民宅的建筑气质是亲切宜人的，而园林的建筑气质则是温婉秀丽的。

建筑是对空间秩序的人为梳理，它是物质外显与文化内涵的有机结合。作为理性精神的体现，"礼制"深刻地影响着中国社会生活的方方面面，"尊卑有分，上下有等"的严格礼制规范，使得我国古代建筑从单体到群体，由造型到色彩，从室外铺陈设置到室内装饰摆设，都赋予了严格的等级秩序，使其在具有实用功能的同时，也具有重要的象征功能，是封建等级关系的重要标志。

中国古代严格的建筑等级制度，不允许任何地方有僭越之处。不仅是建筑布局、规模开间、屋顶形式，甚至把建筑物的细部装饰，都纳入等级的限定，形成固定的形制，并长期延续趋向固定程式，从而使得整个建筑体形呈现出建筑形式和技术工艺的高度规范化。以至于外人只要看一眼建筑，就可以知道这家主人的门第品级，是文官还是武将，是殷富之家还是一般百姓。以王府与皇宫为例，比如王府宅门名叫府门，屋顶用的是绿瓦和灰瓦，皇宫通常使用的黄色琉璃瓦；屋顶造型，王府只能用气势稍弱的硬山顶，皇宫采用歇山顶式；

虽然仍可用脊兽装饰，但在数量上却有严格规定，不能超过 9 个。不仅这样，王府门前台阶数量、高低以及门上钉什么钉，门名叫什么，都是有规定的……

为什么有不同的建筑等级呢？实际上为了营造出不同的氛围。这种包含社会的、伦理的以及技术内容的秩序美，又大大加深了建筑美的深度和广度，使建筑更加丰富、层次多样。也正是这种礼制路线从根本上影响了古代建筑的类型面貌，确定了古代建筑的服务对象，产生了一种"秩序美"，也表现了建筑的气质。

而当今社会，建筑功能越来越多，除了住宅、庙宇、园林建筑，还有办公楼、医院、博物馆、图书馆、娱乐建筑等，不同的建筑它追求的气氛、环境是不一样的，所以就形成了不同的建筑气质。而建筑师就是在满足建筑功能的前提下采取不同的设计方法、手段去创建各种建筑气氛，让使用者在里面能明显地感受到不同的氛围。能达到这个目的，建筑才具有与众不同的气质。

像设计主题公园的时候，不能简单地采用图书馆或者博物馆等公共建筑手法去做，主题公园不同于其他建筑类型，要呈现不同的建筑气质，不仅在形式上有所区分，内核上也需要一些独特的东西。反过来一样，如果是做一个图书馆或博物馆，它需要强调文化的内容、氛围，也就不能采用主题公园这种手法去做。所以不同建筑物它的内核不同、需求不同，设计手法也应该不同。长隆主题公园设计时就采用了很多非建筑的手法去表现，比如结合波普主义与装饰艺术，用很多非常夸张的形象、用饱和的色彩去渲染出建筑的气质，利用海洋波浪、雕塑、大型彩绘等手法点缀每个重要节点，将建筑性格完整刻画，使建筑拥有高的可识别性，拥有欢乐的气质，充分让使用者、参与者感受到一种与世隔绝、梦幻的、浪漫的气氛。

随着经济发展与生活水平的提高，人们向往美观、经济、既能体现城市风貌又富有文化内涵的建筑，渴望在城市一角透过视觉的震撼，发现人文之美。毕竟城市建筑是人们生活的背景，与大家息息相关，所以备受关注。建筑师有责任有义务去设计满足人们期望的、有气质的建筑作品。

建筑内核

从"气质"这个词您又衍生到了另外一个词——"建筑内核"，那接下来能不能请您结合"建筑内核"这个词再把它展开论述一下？

关于建筑内核，刚刚也提到了，不同类型的建筑其实有不同的内核。

从某种意义上说，建筑设计就是假设人如何感受、认知和使用环境，空间环境设计也就是人的行为设计，行为是带有目的性行动的连续集合，人类产生行为的初衷源于各种各样的生理及心理需求。按照马斯洛的需要层级理论，使用者的需要可分为三个层次，包括生理需要：如吃、喝、寻求庇护等；心理需要：如安全感、私密性、领域性等；社会需要：如交往、认同、自尊、被人尊敬、自我实现等。随着物质生活水平的提高，使用者对空间的需求层次也逐渐提高。使用者的需求和行为模式因人群而异，了解不同人群的需求应当是建筑设计基本前提之一。建筑设计的主要目的是创造空间及环境，从而引起的人们行为上的正效应。

但是现实中建筑师往往容易单方面地希望使用者能按照自己的设计意图使用建筑空间及

环境，而作为独立而富有能动性的人是有着选择、调整、改变和适应自身周围环境的权利的，因此实际上的使用状况往往和建筑师的设计意图不完全一致，甚至相左。有些设计师还过多地强调空间形体的塑造，而忽视使用者的主体性和主观能动性。

除了要考虑使用者的需求之外，其实建筑本身的生命力往往也容易被建筑师忽视，有些甚至是避而不谈。

习近平总书记在中央城市工作会议上强调，要"建设和谐宜居、富有活力、各具特色的现代化城市"。"富有活力"是以习近平同志为核心的党中央赋予城市工作的重要命题，也是中国特色城市发展道路的重点方向。

那么，建筑怎样算是"富有活力"的呢？并不是建筑外观新颖或者空间丰富，就意味着这个建筑物富有活力、具有生命力。真正有生命力的建筑应该能吸引人流、留住人流，有人气的建筑物才会有活力、有生命力。

建筑师总是容易局限在一种封闭的思想状态里，仅仅关注设计本身。他们可能对空间、园林和装修都十分了解，但却忽略了项目开发过程中另一个至关重要的因素——商业。了解商业运转模式、用于计算和开发的种种指标与了解各类建筑规范和法规同样重要。同时在建筑设计行业，仍然有很大一部分人对建筑中的金钱因素不屑一顾，这种态度往往导致他们的设计（特别是商业建筑）会有重大缺陷。

以商业建筑为例，建筑师在设计之前首先要进行商业建筑策划。商业建筑策划主要研究商业建筑的自身运行规律和方法，是用以指导商业地产开发与运营的实践活动。而建筑策划的目的是让建筑项目产生良好的经济效益。如果建筑师只是按照自己的思路闭门造车，那么辛苦设计的建筑项目可能就没有效益，无疑既浪费了社会资源，也浪费了建筑师的劳动成果。

日本从 1889 年开始研究建筑策划，其代表性著作是下田菊太朗发表的《建筑计划论》，1941 年西山卯三发表的《建筑策划的方法论》，书中提出住宅水准依据自然条件、社会条件、人类生活方式等确定。美国对建筑策划的研究较早，其中 David Canter 的《设计方法论》蕴含建筑策划的基本思想。美国卡内基梅隆大学建筑系与工程设计研究中心从 1996 年开始联合开发了支持建筑规划的计算机软件，它支持各种建筑规划模式。

商业建筑由于投资规模大、风险大，经营成功回报也大。商业建筑策划首先要进行商业市场分析和商业业态设计，而后进行建筑策划。当然这个策划不是建筑师一个人就能拍脑袋做出来的，而是需要一个专业的顾问团队，经过市场调研、深入分析，共同合力做出的成果。在商业建筑策划的基础上，建筑师再进行符合空间、形式、流线等方面的设计创造，这样的商业建筑才会有活力，有生命力。

概括地说，建筑师设计的时候，必须要从三个角度出发。首先是从使用者的角度出发，即了解使用者的需求，尽量发掘使用者对环境的诉求、反应及评价，了解各项决定对未来使用者的影响，并针对所设计的特定要求，找到与使用者行为需求有关的信息，作为设计的基础资料，将设计的专业知识与使用者的行为信息有机地结合起来；其次从开发投资者的角度出发，如果是政府主导的公共建筑，那可能更多地考虑建筑的公共性和社会性，如果是开发商主导的建筑项目，那么必须要反复思考盈利的问题，而且是持久性盈利的问题；最后才是从建筑师的角度出发，解决如何落地、如何符合规范、如何满足功能要求、如何美观的问题。只有全面考虑了这些问题，设计出来的建筑作品才能具有生命力。

二、类型建筑篇

文化建筑

文化建筑与文化传播具有密切的联系，文化建筑作为公共服务产品，公共空间范式转化与受众本身及大众生活方式的改变息息相关。您主持设计的广州新图书馆，注册读者占了广州常住人口一成以上，建筑外观像一本立起来的书，玻璃幕墙映着进进出出的人影。内部借鉴了商场式的开放设计，来这里自习的、吃饭的、拍照的、蹭空调歇脚的都有，儿童区的喧闹声可以传到五六楼，看起来更像一个城市客厅、城市标志。请问：改变文化建筑设计方向的主要原因是什么？建筑设计与社会发展、科技进步，与时尚文化是否需要融合？与文化传播方式有没有关联？

文化建筑是城市公共服务体系的重要组成部分。它不仅是地方文化资源汇集和展示的平台、彰显地方文化特色的媒介，更是城市公共生活所必需的场所。文化设施包括观演、博览、科教、群艺等类型，像图书馆、博物馆、美术馆等都属于文化建筑的范畴。我有幸参与了一些广州市的重点文化建筑项目，像广州图书馆、长隆海洋科学馆、广州粤剧院等。

回到源头，文化建筑的目的是什么？文化建筑是为了传播文化、展现文化。网络本身也能传播文化，但是网络传播文化有其自身的特点，往往导致人与人当面交流的缺失，文化传播链条改变了，媒介改变了，文化建筑就要适应这种改变。文化建筑可以为人提供交流的空间场所，弥补网络传播过程中缺失人与人现场交流的局限，让文化消费的场所体验感愈加丰富。从图书馆的变迁历史可以窥探到这种变化：第一代图书馆基本就是藏书阁加柜台借阅的功能；第二代图书馆在第一代的基础上增加了馆内阅览、学习场所；而第三代图书馆，由于信息时代迅速发展，而使得其职能不断扩大，逐渐由单一的书籍"藏、借、阅"的场所发展为综合性的文化信息中心和交流中心。

过去图书馆给人的印象只是一个藏书的地方，现在人们更期待图书馆在提供知识服务上有所作为；过去图书馆是为读者提供个体阅读或自修的场所，它需要安静的环境，现在人们更期待图书馆在提供安静阅读环境的同时，成为人际交流甚至知识创造的空间。这些年来，图书馆一直在探索，通过组织讲座、展览、书评和研讨等活动，成为人际交流和知识创造的空间。以纽约皇后区图书馆为例，过去图书馆80%的业务是图书借阅，现在仅占30%，而70%的业务集中在非传统的读者活动上，如求职信息、求职技巧、语言培训等。实际上，很多创意工作者在设计时利用的是社会的网络、资源和人脉，而图书馆正是促进创意工作者交流与互动的社交场所，是支撑和促进创新发展最好的"第三空间"。

这一点在其他公共建筑如美术馆、博物馆中也存在类似性，建筑的大厅、交通空间等原来的私属空间成为城市公共空间的延伸，其所承载的内容甚至扩展到了休闲、娱乐方面。教育功能的植入，一种集展示、演艺、集会、培训于一体的多样化活动的介入，使这些空间的属性和物理边界变得模糊并具有多重含义。这些变化已经超出了文化建筑具体的功能限制，使这些公共空间成为一个区域甚至一座城市的客厅和标志，这些功能功效的改变要求设计适应这一变化，也向建筑师提出了挑战。

随着网络的快速发展，目前已进入一个随时随地都可以获取信息的时代。网络具有可以收集来自世界各地信息、查找信息快速，以及不受时间、场地限制的特点。在网络时代，每个人都好像随身携带了一本百科全书或者微型图书馆，在手机上或者电脑上查文献、查资料，只要输入想要查找的内容或者关键词，几秒钟就能找到上万条相关信息。因此互联网的发展使印刷纸质读物受到一定的威胁，也给图书馆带来了很大的冲击。

在这样的环境背景下，我们一直在思考新时代图书馆存在的意义以及该如何设计。人们对图书以及图书馆的认知，思想中的概念多是知识的殿堂，不少图书馆突出的是殿堂感，比如设计有穹顶、高高的台阶，但这是传统的理念。在"知识大爆炸"的当代，图书和人的关系，在图书馆中应该是平等的、包容的、开放的，人可以在书海中漫游，人可以轻松地进入"书中"，书的象征意义没有改变，所以最后广州新图书馆整个建筑呈现的是书的形象。当时广州新图书馆的目标定位是全国最大的开架式图书馆，将 350 万册图书以开架形式提供给读者自由阅读、借阅。开架图书馆意味着更多的互动、更多的开放性，从某种角度上说解决了部分网络时代的问题，但是若要吸引更多的读者，就必须把图书馆的功能扩大，比如可以在图书馆里举办沙龙、讲座等，给人们提供面对面的交流空间（这是网络时代人们最缺乏的）。再比如引入了商铺、咖啡吧、餐厅等生活服务功能，又比如融合了创业文化元素，提供手工、艺术创作、DIY 等创意空间。到最后我们把广州新图书馆打造成一个集学习阅读、信息交流、文化休闲等功能为一体的交流平台、文化中心和城市客厅。

新馆内部空间设计最大的特点在于它提供了一个开放平台，强调大空间和整体性，而功能更多的是后组织，强调使用者的自我发展、自我调适，人、书、设备设施、多层面的服务与活动等可以根据使用者的需求实现最大限度的整合与调整。总的来说，新馆的交流空间可分为五个层次：图书馆整体，展厅、报告厅、多功能厅等专门交流区域，文献服务区中配套但相对独立的交流区域，与文献服务区融为一体的交流区域，以及灵活组织的适合于三两个人的个性化交流空间。总之，可以满足不同主体多种目的、主题、形式与规模的需求，兼具报告厅、展览厅、美术馆、音乐馆、档案馆、博物馆、科技馆等功能。

除了功能上，在整体布局和空间关系上也充分考虑了与广东博物馆、广州歌剧院、广州市第二少年宫等周边规划设施的关系，构筑出和谐有序的城市空间。

广州图书馆内部空间

建筑的原型构思来源于图书层叠的具象体量，通过理智的变形演绎，形成丰富、浪漫、优美的建筑造型，具有传译知识的象征性意义。建筑师对南北约 60 米、东西约 100 米的形体进行分割，分割线的位置、角度、深度均以满足图书馆建筑必须达到的平面进深，以大开间平面在各个方向上所需的自然采光及自然通风要求为前提，并在充分考虑广州气候特征的基础上进行计算和复核。体量分割后表现出来的形象，令人仿佛可以看到巨大的书架整齐地排列着大量的书籍，当你把它看成书时，甚至可以感受到它像书页上的一排排文字和插图。当从城市远处的不同视角看过来时，似乎又感觉到其形似优雅的汉字"之"字。

在造型上，新馆外观如大量的书籍层叠堆积，展现了人类历史从过去到现在由低至高的层级状的知识累积，整个造型并非排列整齐，而是呈现不规则叠加堆积的形状，展现出建筑整体轮廓的灵动与丰富感，表达了知识承继及随时代社会变迁而变幻、不断进化的象征意义，体现"美丽书籍"的建筑构思。

广州图书馆外观

设于建筑四向立面的石材幕墙是反映"书山"特点的关键，由于建筑体形特点，幕墙本身并不是设在简单的垂直的平面上，而是设于非线性的双曲面上，其造型要反映"石块层叠"和"随机堆砌"两个特点，并照顾图书馆室内采光和通风的要求，在石材幕墙上开一定数量的通风采光窗。对于许多不了解的人而言，石材幕墙堆砌的"书山"形象看起来可能会显得杂乱无章，其实暗藏玄机，实际上立面被分为六个单元不断重复。为了表现书本重叠构成的自然凹凸的立面效果，设计的初衷希望让人感觉石材幕墙的凹凸是随机的，但随机的凹凸在工程上很难实现，即便实现成本也会很高，所以必须在随机和标准化中找到一个平衡点。经过慎重研究和多方案比较，最后确定在正南北向取横向两跨（19.2 米）和高 2 层（9.6 米）为一单元，在单元内以横向 1.6 米、纵向 0.49 米为模数，设计随机的凹凸石材立面，并按计算出的采光面积和消防规定的自然排烟要求设置采光和排烟窗。

在环境规划上，地面处理采用随机的条纹分割手法，将图书馆建筑立面的条形图案在外环境延续，建筑东西立面大玻璃幕墙形成内部空间透视，内部空间地面材质刻意与外部花城广场地面材质保持统一，以保证内外空间的自然过渡、无障碍延伸。雕塑化的造型，石材、玻璃、金属等新型材料的运用，简洁的线条，素雅的色调，以及平等的内外空间关系处理，使新馆形成现代、时尚、亲民的建筑风格。

根据广州图书馆官网统计数据，2019 年接待公众访问 917.5 万人次，新增注册读者 25.6 万人，累计注册读者 176.9.8 万人次，外借文献 1169.7 万册次，数字资源浏览下载 9831.6 万篇册次，举办活动 4360 场次，参加活动公众 211.5 万人次。广州图书馆刷新了我国公共图书馆的服务纪录，跻身世界公共图书馆前列。

再谈谈广州粤剧院，这个项目主要有两个难点：一是用地狭窄（用地面积仅 7533 平方米），却要设置一个 1200 座大剧场及一个 500 座小剧场；二是地块西侧的红线女艺术中心（红线女艺术中心是广州市政府为表彰红线女对中华优秀文化艺术的卓越贡献而投资兴建的，由著名建筑师莫伯治院士设计，落成于 1998 年 12 月），尊重红线女艺术中心是本项目设计的一个重要前提条件。

由于用地狭小及受制于建筑密度控制的要求，两个剧场无法并列设置在地面以上，故采取上大下小的布置原则垂直叠加。按规范要求，大于 200 平方米 的观众厅不能设置在地上四层及以上的楼层，所以地上裙楼设置了大剧场，而小剧场设置在地下室。这样，粤剧院建筑主体就形成由地下室、裙楼及塔楼三部分组合的文化综合体形式。另外通过本项目与红线女艺术中心围合出的粤剧广场，在三层设置公共连廊，连接起两者的展览空间，在功

广州图书馆石材幕墙

广州粤剧院与红线女艺术中心以公共连廊相接

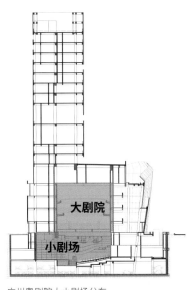

广州粤剧院大小剧场分布

广州粤剧院

能和使用上形成联系与呼应。与红线女艺术中心进行一体化设计，综合平衡，共同组成粤剧艺术传承创新和振兴粤剧的基地。

在满足公众性这方面，设计上也做了一些探索，如根据人流的走向，在地块南侧和东侧各设置了一个下沉庭院，增加了空间的层次感、丰富性和流动性。

同时作为文化建筑，设计中尝试融入了很多粤剧相关元素。整体建筑外观设计以"凤冠霞帔，游龙戏凤"作为主题，从凤冠的形态中寻求灵感，将凤冠端庄而不板滞、绚丽而又和谐的艺术感受抽象提取出来，应用到方案形体及立面设计中去，塑造出建筑精美而庄重、通透而饱满的空间形象。将"水袖流苏"的概念融入场地景观及立面设计，建筑立面上整体如水袖般轻盈柔美的曲线与红线女艺术中心的动感造型一脉相承，流畅的景观肌理创造出畅通的场地步行流线，便捷地将人流导入建筑各向主入口。暗喻流苏的立面构件丰富了建筑立面的层次及光影效果，同时也起到建筑遮阳的节能作用，适应岭南地区的气候特点。

总之，文化建筑、文化设施是一种城市景观的标志，也更应该成为鼓励和引导民众进入并参与活力再造的生机勃勃的公民活动场所。

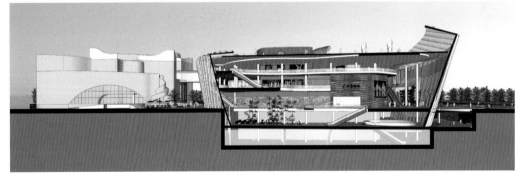

广州粤剧院
公共空间组织图

商业综合体

近年来城市化建设进程不断加快，这也有效地推动了城市商业综合体的发展。城市商业综合体作为最广泛的综合体实践，在当前城市建设过程中受到越来越多的青睐。商业综合体其实是一个以运营为核心的作品，很容易被更新的时代和理念所替代，所以商业综合体是非常难做的，建筑原本的一成不变的设计理念很难延续长久，也涉及策划、设计、施工、美陈等很多方面的内容。请马总您从城市商业综合体建筑设计的特点出发，结合正佳广场、东方宝泰商业广场、广州太古汇等项目对城市商业综合体的建筑设计进行阐述。

正佳广场由广州市设计院与美国购物中心设计专家——捷得国际建筑师事务所合作设计。在完成项目的过程中，学到了非常多商业建筑设计的专业知识。

以前做商业建筑相对比较简单，以为只是建个商场、规划一条商业街就能赚钱，但事实上完全不是这样。一个商场的成功、优秀的建筑设计，包括总体规划、立面形象、室内空间安排与内部装修，这些无疑都是重要的，但只是为商场创造一个良好的物质条件与环境；另一个看不到的重要因素是在对当地市场的调查后所设计的商店、餐饮和活动场所的策划，可持续的现代化的经营管理与能吸引顾客的商场形象塑造，这些方面却是许多开发商和设计师容易忽略的"软件"。因为在商言商，商场的最终评价在于它是否能成功地吸引顾客与销售商品。所以任何一个成功的商业购物中心，实际上都是这些特殊"软件"的建筑环境包装与物质体现，与其配合的"软件"密不可分、相辅相成。商场它有商业规律，有特定的人流动线组织，有旗舰店、专卖店、餐饮和娱乐场所的组织与结合方式等。

如上所述，商业综合体其实是一个以运营为核心的作品，很容易被时代更新和新的理念所替代。所以在业态组合方面，正佳广场也是一直在摸索和创新，初期商场主要以零售为主，将友谊这种大型商场作为主力店。正佳广场严格按照餐饮 18%、娱乐 30%、零售 52% 的黄金比例安排商业布局，里面包括超五星级国际电影城、超大型室内真冰溜冰场、容纳近20 家餐厅的超大型美食广场等，正佳广场商业模式创新，首创的国内体验式购物引领着城市休闲娱乐购物的新潮流。随着时代的变化，正佳广场将室内海洋馆放进去，并加大餐饮比例，从而保证其商业活力。

正佳广场核心中庭

在人流组织方面，一个是水平方向的人流组织，在设计中将百货公司布置在西北角，围绕着百货公司布置了不同风格的步行街，其中主要步行街为从西北到东南角斜穿整个基地的"主大街"。不同风格主题的公共空间可以使顾客长时间驻足并带来良好的购物体验；另一方面是垂直方向的人流组织，纵观世界上的大型购物中心，4 层以上的商场就不多，更不要提 7 层楼高了。而且根据统计研究，一般顾客少有兴趣到 4 层楼以上购物，除非有特别的吸引点。所以商铺租金是随层数的递增迅速递减，即一层的客流量是最大的，租金往往也是最贵，顶层最低。这也是为什么有些商场在首层直接设置扶梯把人运输到高楼层，只有这样上面才有人气、有活力，也能提升高楼层的商业价值。像香港的朗豪坊，其购物中心动线设计大胆跳开了每层间手扶电梯的模式，直接由垂直电梯跨楼层、跨区域输送客流，通过螺旋形以及回环型的楼层设计，引导人流由高区向低区行进，创造了全新的购物体验，并且保证了如此大体量商场的所有店铺均在人流动线中，同时完全避免了高区商铺弱势的局面。

正佳广场地面总共有 7 层，所以当时设想将 7 层楼高的商场分成两个商场垂直叠加而成，第一部分为第 1、2、3、4 层楼；5、6、7 层楼为第二部分商场。第五层往上室内设计风格改变，空间安排也更加丰富，鼓励顾客向上作进一步的探究。中间转换层设计了很大的公共平台，宽阔的场地可供展览与表演（如艺术表演等），还安排了美食广场、游乐场、电影院，以吸引更多的顾客前往。这样通过吸引顾客在水平和垂直方向上流动，使购物中心内的各层商铺获得均好性。

东方宝泰购物广场

东方宝泰购物广场是正佳广场之后的另一个设计项目，它位于广州地铁 1 号线与 3 号线的接驳处。除了对接轨道交通外，购物广场还紧临广州火车东站、广州东站长途客运站和广州东站公交总站，36 条公交线路以及省内外火车线路的交通网络。得天独厚的地理、交通优势势必为购物广场带来巨大的客流，但是各类交通汇集于此，也导致人流车流极为复杂。当时是按照交通综合体（早期 TOD）的理念去设计的，东方宝泰不仅是一个商场，还是一个客流分流中心。所以重点放在建立"一体化"交通衔接系统，处理好周边的交通，尽量利用周边的交通工具，建立与城市多渠道接口，保证交通可达性，并有效地引导和疏导客流，让人不自觉地进入商场。

购物广场共 4 层，其中地上 1 层，地下 3 层。地下一层与地铁 1 号线广州东站无缝对接。一层部分为广州东站公交枢纽，建筑顶层屋面除了作为广州东站的旅客进站入口，亦作为广州东站的站前广场。在外部流线组织中，主要有以下几方面：对称的商场东西入口引入地面街道人流；中部公交总站每个站台都有通往商场地下一层的入口，从而引入公交客流；商场北入口与广州火车东站靠近，迎接火车站客流；东西两侧分别有地下停车场出入口，地下一层~地下三层均设有充足的停车位。

当时把设计正佳广场时的一些商业理念也用在东方宝泰广场项目上。东方宝泰广场地面层与公交枢纽相连，业态主要分布为便利性高的快餐厅及饮品面点；地下一层与地铁相连，易达性高，业态分布多为高附加值零售店；地下二层集中布置核心主力店——吉之岛，形成强大的客流聚集效应；地下三层主要分布为目的性与行为性较高的餐饮业及家品。这些设计手法都能有效地吸引客流、引导客流、刺激消费，使购物中心获得更大的商业价值。

广州太古汇是由两座超高层写字楼、文华东方酒店、广州市文化中心以及裙楼商业组成的大型城市综合体。设计始终贯彻绿色生态、优化城市空间品质等城市可持续发展的理念。规划时巧妙使用地下空间，串联地铁 3 号线、公交集运（BRT）、公交车等大规模公共交通。还牺牲宝贵的首层面积，在北面入口专门设置面积近 5000 平方米、两层架空的大型落客区，让不管是自驾车还是打车前往的客人都可以便利地进出商场，不用日晒雨淋，停车也很方便，十分人性化。

地下二层的裙楼商业与地铁站及 BRT 直接连通，让使用公共交通的客人方便又舒适地到达商场。四通八达的交通使商场不再是一个独立的个体，而是城市街道空间的组成部分。活跃立体的交通体系，使公众进出商场不再只有首层大门。首层优势已被模糊，因此大大

提升了各层的商业价值。从地面、地铁层合理导入客流，利用中庭空间组织各种活动，并为不同功能区提供既独立又联系的入口空间。

除了处理好交通流线外，太古汇还致力于营造丰富、多变及便民的城市公共空间，让人能留下来。在首层配合城市街道空间，创造多个尺度宜人的公共休憩广场；建筑与城市道路高差取消，台阶改为坡度设计，使建筑更有亲和力。还将 2 层裙楼的屋面设计成 24h 对公众开放的屋面花园，通过两端的露天自动扶梯和大台阶与城市街道连通，成为立体的城市街道。屋面花园设有餐饮服务，还可举办小型音乐会，为市民提供了多层次的社交空间。

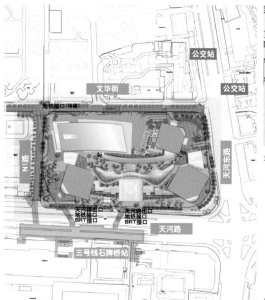

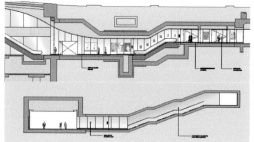

地铁及 BRT 地下连接商场入口内景照片及剖面示意

广州太古汇与城市公共交通的连接

广州太古汇

建筑的内、外公共空间均是城市公共空间的无缝衔接、延展与提升，充分解读"公共性"与"城市性"。商场里面整个空间的布局与商业的动线、商业的策划也都是有关系的，像旗舰店、餐饮的安排都有讲究，当然也与业主的经营理念有关。网络世界里面，人们最缺乏的是交流和体验。比如买一个奢侈品，相信大部分人还是会选择在专卖店购买。餐厅也是可以给人提供交流的场所。所以在商业建筑中设计多点交流的空间，来填补网络时代人们缺失的部分，也许是未来的一种趋势。

从现在的效果来说，广州市设计院经手设计的商场从正佳广场到东方宝泰广场再到广州太古汇都是非常旺场的商业建筑。旺场意味着给业主带来财富，从另外角度来说也是有活力的建筑。

总结来说，建筑师要掌握商业建筑的一些固有的商业规律，做商业建筑之前要先思考几个问题：第一是人为什么来？第二人怎么来？第三人来了之后在里面干什么？第四怎么把人的时间留得最长并进行消费？不同于设计车站，只是一个过客使用的场所，商业建筑希望顾客在里面活动、商家在里面经营。做到这四点，基本上这个商业建筑就成功了。建筑师不应只关注空间、功能，而是要跳出思维局限，从经营者的角度去思考问题。

零能耗建筑

世界资源研究所称，能源行业和建筑业的温室气体排放量占全球工业总排放量的 40% 以上，中国作为负责任的大国，同时又是温室气体排放最多的国家，对节能减排非常重视。您主持设计的广州珠江城作为零能耗建筑具有示范性意义。我们理解的零能耗建筑在包含建造、使用与拆除的全寿命过程中，建筑生产的能源将多于其消耗的能源，这无疑对社会、对城市甚至对整个地球都具有积极意义和重大影响。能源积极型建筑是未来的希望，设计师应当将环境考量与减少消耗放在创作过程的重要位置，绿色科技的发展进步是城市发展理念更新的重要表征，社会期待着建筑能回归建筑自身的价值，回归到绿色建筑，回归到它为人所创造价值的认知层面。但社会上也有一种观点：认为绿色建筑只是一种符号、一种标签，建造过程的投入很难回收成本，更不要说收益了。投资的浪费就是社会资源的浪费，与"绿色"目标相背离。目前绿色建筑行业的发展现状和主要问题是什么？请结合珠江城（广东烟草大厦）的设计谈谈您的理念和体会。

能源是人类发展和经济增长的最基本驱动力。自工业革命以来，能源不仅成为人类赖以生存的基础，能源技术的开发使得在此后的几年里世界经济规模迅速增长。但是人类在享受能源带来的经济发展、科技进步等利益的同时，也遇到一系列无法避免的挑战——能源短缺、资源争夺、能源过度使用等问题，这威胁着人类的生存与发展。

中国正以人类历史上前所未有的速度进行城市化。在未来的几十年中，中国每年将建设 15 亿~25 亿平方米的新建筑，而中国城市的新增人口将达 3.5 亿。在接下来的 20 年，中国与美国／加拿大将建设超过全球一半的建筑面积。为了满足《巴黎协定》中的承诺，显著减少中美两国建筑环境温室气体排放量，至关重要。习近平主席多次在联合国大会等重大国际场合强调，中国将提高国家自主贡献力度，采取更加有力的政策和措施，二氧化碳排放力争于 2030 年前达到峰值，努力争取 2060 年前实现碳中和。

"零碳建筑"是指在建筑的全生命周期内，建筑的综合碳排放为零的建筑。全生命周期指在建筑、材料、构件等的生产、规划与设计、建造与运输、运行与维护直到拆除与处理的全循环过程，综合碳排放是指建筑向外界环境排放的 CO_2 量相对值。由于在满足一定舒适度和不较大改变现有生活习惯的条件下，绝对的"零碳"排放是不现实的，但是可以通过建筑自身利用清洁能源，并将多余的能量输入电网，或者通过"碳税""碳中和"等措施来补偿寿命周期内的排放，从而在全社会层面实现零碳甚至负碳。零碳建筑与目前耳熟能详的绿色建筑、生态建筑、节能环保建筑等实质是一致的，只是关注或衡量的侧重点略有差异，前者过多的是定性，而后者却着重在定量。

时代在进步，不能为了零碳排放就去降低人们的生活质量，回到原始社会，不开空调、不用玻璃幕墙，只用以前的木结构、草结构之类的东西，这不现实，但是建筑师可以采用具体的新技术手段去实现。

以珠江城（广东烟草大厦）项目来说，在环保节能方面作出最大的努力以实现"超低能耗"的设计目标，设计中采取多项节能措施以减少其对环境的影响，成为在中国乃至全世界对环境友善型的建筑典范。

双层幕墙技术的诞生是为了解决高层建筑开窗与室内环境干扰相矛盾的问题。双层幕墙的外层幕墙将阻挡室外噪声、空气等污染，实现冬季保温的功效。针对亚热带气候的特点，珠江城项目采用 300 窄腔"龛式"内呼吸连遮阳百叶双层智能幕墙。一方面，空腔内遮阳百叶可根据气候与天气条件的变化进行统一智能控制调节角度与高度，将自然光引入办公室深处，同时消除临窗外区的高辐射与眩光带给人的不适感，并节省人工照明用电量；另一方面，幕墙内呼吸动力系统配合外区冷梁设计可根据室外环境变化对双层幕墙空腔内温度、湿度自动控制，以实现临窗区域的舒适办公环境，并可保障冷辐射系统正常运行。

广州珠江城

受到博物馆建筑光线设计的启发，珠江城项目办公区域的日光控制、消除有害眩光是通过智能型百叶实现的。在入口大堂区域，设计采用导光板将屋面自然光线折射引入大堂深处，靠近幕墙强光区设遮阳百叶，以获得大堂整体均匀舒适的自然光照，并减少人工照明的消耗。

建筑物利用风能的案例大多设置在屋顶或悬挂在室外。由于亚热带气候沿海区域风环境好，每年台风季节风力资源丰富，且超高层建筑具有挡风风压大、高空风速提升的特点，珠江城项目采用风力发电技术。通过流体力学的设计方法，利用建筑形体引导迎风面的风集中并加速从建筑物 4 个开口穿过。在实现大楼部分区域电力自给自足的同时，减少了大楼的风荷载，提高了安全性，节约了结构用钢量。

经过日照强度的分析，珠江城项目分别于建筑东西两侧水平遮阳板面和南侧玻璃幕墙的"屋顶"部分应用单晶硅太阳能光电板，实现了太阳能光伏发电与建筑一体化的有机结合，达到了产电、遮阳与美观的统一。1645 平方米的光伏板年发电量达 25 万千瓦·时。

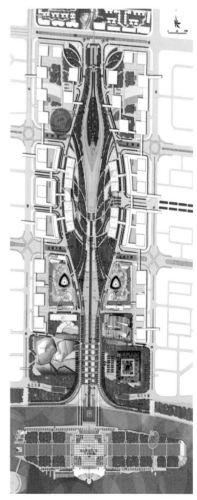

广州珠江城区位图

珠江城项目采用辐射制冷带置换通风，通过串联大温差系统提高机组的冷水供应温度，在保证相同制冷效果的同时，大幅降低制冷能耗；通过冷冻水的循环利用、水泵变频运行、排风热回收以及先进热泵机组等技术手段提升能源利用效率，实现冬季供热、夏季制冷。这一系列革新技术使整体系统节能率达 46.5%，并节约用水量，具有良好的经济效益和示范推广的意义。

配电系统采用有源和无源滤波相结合的谐波治理设计，减少谐波造成的电气损耗。结合太阳追踪遮阳百叶，利用智能传感器感应室内外光线自动调节光照度，实现智能光控以保持室内恒定的标准照度，既创造了良好的照明环境，又达到节能的效果。

另外还有双层节能电梯、冷凝水回收、热回收、真空垃圾回收系统等，都有明显的节能效果。珠江城还首次将工业级可编程逻辑控制器（PLC）引入大楼智能控制系统，确保了整个节能体系高效运转，大幅提升了楼宇智能化水平，对智能建筑的发展具有划时代的意义。

对技术的借鉴与移植，应考虑技术引用的地域气候区域的差别。例如将欧洲温带节能技术移植到亚热带区域，其气候、环境的适应性要进行必要的理论论证和计算机模拟分析，对于关键技术进行实体实验，寻找设计中被忽视的点和技术弱点，为进一步技术改良节约时间和资金，进而规避投资风险。

作为建筑师，对绿色节能技术的研究与探索不仅是一个理想，更不能只是口号、标签，还应成为建筑师的职业操守，在"高技"节能技术上对国际先进技术的消化、再创新，在"低技"节能技术上实现历史传承、自主创新，要善于借鉴亚热带地区岭南传统建筑中的"冷巷"、冷辐射楼板（顶棚）、"柔性"外遮阳等传统被动节能技术。寻找契机，创新适应中国经济发展的合理技术研发方式。

地标建筑

地标建筑、城市风貌是一座城市从人的感知层面上区别于其他城市的形态表征，风貌特色是优秀城市的个性和品质，每个城市在不同时代都留下烙印、留下标志性建筑。广州市设计院作为一所具有近 70 年历史的国资大院，在构建广州市的城市风貌上作出过重要贡献，不但设计了白天鹅宾馆、天河体育中心等这些优秀的当代建筑，还留下了友谊剧院等有重大突破又具有岭南地域特色的历史建筑，孕育培养了佘峻南、郭明卓等院士大师，您本人在广州也主持了多座地标性建筑的设计。广州是一座兼容并蓄、文脉深厚，却又极其崇尚创新的城市，从开埠到开放，从得风气之先到开风气之先，留下了许多标志性建筑。请问您主持或参与了哪些地标性建筑设计？能否从城市规划、地域特征到方案创意、施工图设计、项目管理，以及新技术、新材料、新工具（如 BIM）的应用上，结合团队分工及其合作关系上谈谈地标性建筑的构建及其在城市风貌中的作用。

城市地标的研究由来已久，A·罗西在《城市建筑学》中认为地标是与城市基质建筑具有较大差异的建筑对象，凯文·林奇则在《城市意象》中将地标作为人们感知、理解城市的五要素之一，这些都强调了地标的标识性。地标建筑往往承载着一个区域的独特内容，是这个区域特有的、经时间积淀下来异于其他区域的独特个性。城市地标对城市风貌的塑造有着非常积极的作用，一方面提升城市整体风貌形象，提振城市的影响力和知名度；另一方面也带来了城市空间的价值提升，为城市提升和高质量发展赋能。所以地标建筑如同城市名片，对一座城市的认知往往从标志性建筑开始。地标建筑有没有可识别性，能不能给人留下强烈的印象，直接关系到现代城市的魅力。

广州自古以来就是岭南地区最重要也是最具代表性的城市，有着深厚的历史文化底蕴和独特的风貌特色。从传统的云山珠水，到现今山、水、城、田、海更大的城市景观空间格局，城市地标对城市风貌的塑造可以说是互为表里，相得益彰。

比如说广州的珠江新城，在全国可以说是具有很高知名度和美誉度的城市 CBD，首先在规划阶段就历经了多轮的规划和城市设计方案的比选、调整，邀请了国际、国内知名的设计机构和设计团体参与，很多理念和想法在当时来说都是非常先进的。对于这种大规模、大尺度的城市空间进行通盘考虑、整体谋划是非常重要且必要的，因为一旦实施，这将对城市产生非常深远的影响，会历经长久时间的考验。大尺度、大规模的城市空间通过总体的规划和城市设计对整体风貌进行把控，对重要空间节点、界面、交通有所安排，然后转换为具体的规划设计条件或者建设标准，再要求传导到具体的项目和地块，在建设阶段落实下来，这样就能有章法地引导分期、分阶段的实施，即便时间跨度上比较长，都能保证最后的总体完成度是比较好的，达到预期的良好效果。广州市设计院设计完成了珠江新城的许多地标建筑，包括有文化地标广州图书馆、超高层建筑广州东塔（广州周大福金融中心）、珠江城（广东烟草大厦）等。珠江新城还有许多其他知名大师或机构的设计作品，比如像扎哈·哈迪德设计的广州歌剧院等，这一个个的建筑作品构成了珠江新城如今的面貌，不论是当中广为人知的大师作品、地标建筑，还是整个珠汀新城，都已然成为广州展示城市魅力的窗口和名片，极大地提升了广州在全国乃至世界的知名度和影响力。

在地标建筑项目设计中，不论是开发商还是建筑师普遍都希望自己设计的建筑独树一帜，这种想法可以理解。建筑设计是一种创作活动，创作就是讲究个性的，但是如果过于追求地标建筑的个性，与其他建筑竞相"争高斗奇"，突出强烈的视觉冲击，表达新异的建筑语言，容易导致城市空间秩序的混乱和视觉感知的迷茫。城市建设不仅营造空间形态，更要表达文化意义，只有从城市历史发展的角度探寻地标建筑的本源特征，研究地标建筑在城市中的地位和作用，分析在现代城市中地标建筑的空间意义，才能够更好地塑造城市空间的个性特征，营造高度可意象的城市环境。这也要求建筑师要有城市观念，应该通过城市设计进行综合研究，地标建筑要与区域的城市形态和谐、协调。

具体说来，地标建筑设计分为两种情况。一种情况是在城市已经有详细的整体规划、周边地块建设也完成的差不多的时候，怎么样做这个地标？在这种情况下，首先必须符合整体规划，同时要尊重周围的建筑，不能因为是地标建筑就唯我独尊，不管周边的环境。比如说广州图书馆项目，该项目的规划用地位于广州市新文化中心区域，规划之初，既已确定了广州塔、歌剧院、博物馆、少年宫等规划项目。每一个建筑都是由知名建筑师设计，外观独具特色。而广州图书馆作为在该区域最后建设的建筑，除了需要与周边建筑保持和谐外，还要体现出图书馆的个性特征。广东博物馆是一个"月光宝盒"，非常方正，四平八稳；第二少年宫方圆结合，也算比较规整的建筑；而歌剧院是"圆润双砾"的设计理念，是不规则的、自由的建筑。因此，广州图书馆建筑在整体布局方面，西侧与少年宫相对应，图书馆与少年宫面向城市中心轴构成一个入口。图书馆南翼呈圆弧状，与少年宫南翼相呼应，构成整体建筑轮廓的标准线位于城市轴南段的广州塔画出的同心圆之上。此外，图书馆还特别注意处理了与都市公园的标志塔之间的关系。在造型设计阶段，当时做了很多方案，有些很规整，因为全球图书馆大多数都是很规则的。但是考虑到对角的歌剧院是这么自由的一座建筑，图书馆也不能太方正，于是就在方形体块里面做变形、开裂，最后以书籍的形象去体现。图书馆外墙面整体设计及开放的条形窗，呈现出与南侧博物馆外观相同的设计氛围。形态上与外形端庄的博物馆呈鲜明对比，但在外墙装饰上氛围相通，外形虽有对比，但又能彼此互相融合。另外，建筑体量由北至南呈阶梯状降低，与由西向东体量变化的歌剧院又彼此相呼应，富有雕刻感的形态与歌剧院极富个性的外形相对应。如此与周围建筑保持相关性，确保了新文化地区整体的一致性与和谐感。所以地标建筑首先要跟城市发生关系，在这个大原则的基础上，再考虑创意、独特性之类，这样设计出来的地标建筑才是生长在这个城市的、这个区域的地标。

包括后来的广州周大福中心（广州东塔）项目也是这种设计理念和思路，周大福中心项目位于珠江新城 CBD 中心地段，西临珠江大道、北望花城大道，与对面已经封顶的广州国际金融中心（广州西塔）一起形成双塔，分别位于新城市中轴线两侧，南面隔江对望新建的广州观光塔，北面连接天河体育中心、中信大厦及天河火车站。基地位于金融办公区，北面是商业贸易区，南面为文化娱乐区，包括了广州市歌剧院、广东博物馆、广州第二少年宫及广州图书馆。设计周大福中心的时候，广州塔（小蛮腰）和广州西塔都建起来了。早期规划设计的时候，其实东西塔是一模一样的，一样的高度一样的体形，但实施时发现不太可能，因为业主的要求更高、投资也更大，希望做成更大体量的一个标志性建筑，这就决定了东西塔的差异性，东塔比西塔更大、更高。

周大福中心设计时采用刚柔并济的外形，以直线线条为主面，与电视塔形成对比，与中信广场相呼应。形体上采用与西塔相近的形状，令东西双塔能在中轴线两侧互相对话，强调东塔和西塔的和谐共存，和而不同，以双腔合唱的方式发挥汇聚周边建筑与空间的效能作用，加强城市中主轴的凝聚力。东塔各个立面形成城市舒展、开放的立体空间，保持了塔楼各使用空间的开阔视野和望江景致，也能在城市中形成恢宏尺度，与中轴线上的中信广场、西塔和新电视塔一起构成富有活力和韵律感的天际风景线，共同打造国际都市形象。

所以地标建筑最关键的还是要生于城市，跟周边环境要融为一体，才是真正的地标。

另外一种情况，就是说在一片空地上，它确实是这片区域的第一个建筑，这种情况下就必须要考虑以后发展的问题了，作为地标可以做最高那个、最独特那个，但是也要留有空间，考虑可持续发展。

广州周大福中心

设计珠海十字门中央商务区项目时，整个周边都是一片空地，所以设计会有比较大的空间和灵活性。珠海中心的建筑高度为330米，建成时是珠海市最高的超高层建筑，它面向大海，为了最大化地获取景观资源，建筑三角形平面随着楼层的升高逐层递收，并在塔楼中部扭转平面角度，拟合出富于变化的立面效果，通过玻璃幕墙得以充分享受临海景观资源。空间造型整体犹如海边的灯塔，与南海的起伏互相呼应，体现人与海洋和谐共生的理念。

珠海中心

超高层建筑及大型综合体

建筑形式所表达的审美十分重要，公共空间和建筑精华会凝结、沉淀在一座城市的发展记忆中，形成所谓地标性建筑，分梯度、分层级地表达出来。重要的公共建筑，特别是处于城市中心区、城市门户、历史城区和与特殊自然要素相关的建筑，理应表达一定的定义城市、标识城市的价值，除了建筑的固有功能外，还具有社会意义。广州市设计院在广州这座美丽的南方城市深耕近 70 年，留下了大量的超高层建筑及大型综合体，而近些年来许多重要建筑、重要节点都与马总有所关联，或主持或参与设计，这些复杂的大型综合体及超高层建筑不仅在建筑创作并且在工程技术逻辑方面都有相当的难度，请结合这些项目从创作构思到结构思维、材料和构造的经济性、技术的合理性上，总结其如何做出表率、强化建筑的地域标志及象征意义、社会意义。

超高层建筑被视为现代文明进程中科学技术和经济实力的象征，相比于普通建筑，它具有明显优势。实现了土地资源利用的集约化；能够显著提高城市活动的效率并实现资源的高度共享；促进相关学科的发展和科学技术的进步等。但与此同时，它的负面作用也不容忽视：建筑运行所需的能量消耗巨大，给城市的能源供应带来了沉重压力；室内空间的环境质量不佳，影响使用者的心理和生理健康；对城市的自然生态与景观环境产生不利影响等。随着地球资源与能源的日益紧缺，迫切需要探索超高层建筑的可持续发展方式，以发挥其优势并规避其负面影响。因此，当代的超高层建筑开始注重更高层次的绿色化和人性化，更加注重可持续发展。

在超高层建筑设计中，表皮不仅关乎建筑的形式美，与建筑的能耗高低和内部环境的舒适程度也息息相关。建筑表皮是建筑的外围护系统，表皮设计既包括了传统的立面设计，又涵盖了窗、墙体、屋顶等各种外围护构件的综合处理。传统的外围护构件已不能满足超高层建筑在功能扩展及部件组成上的要求，以各种材料形式出现的幕墙，包括透明或半透明的玻璃幕墙，是超高层建筑表皮系统的基本载体，结合具有保温、隔热、通风、采光、遮阳、发电等各种功能的附属构件，组合成整体的复合建筑表皮。表皮的发展演化是建筑技术进步的简史，并且具有较强的象征意义。如珠江城（广东烟草大厦）项目采用 300 窄腔"龛式"内呼吸连遮阳百叶双层智能幕墙；广州周大福金融中心（广州东塔）的立面陶板幕墙设计突出了其垂直性，采用中空双层超白 Low-E 玻璃＋凹槽状冰纹釉面的白色陶土板（一种高性能的低碳环保材料）挂件，明亮的白色线条凸显其外立面的垂直、挺拔，同时起到了有效的遮光作用。

广州周大福金融中心

广州珠江城

高层建筑的绿色设计并不是技术措施的简单堆砌，也不是必须采用最新的尖端科技，而是应该根据自身项目特点有选择地配置技术手段，集成材料工艺，进行绿色策略的个性化、适应性应用，这样才能更好地创造出可持续发展的绿色建筑。不同的超高层建筑，有的在形态优化方面表现突出，有的侧重场地回应和空间的高效利用，有的着重关注对表皮的处理，还有的通过采用主动式技术措施实现节能。这些建筑采用的绿色设计策略虽各有侧重，但又不仅仅拘泥于一种手段，通常是各项措施综合使用，共同形成高效作用的整体系统。

以珠江城（广东烟草大厦）项目来说，整个项目集合了智能型内呼吸式幕墙连遮阳百叶、日光响应控制、风力发电、太阳能发电、辐射制冷带置换通风、高效空调系统与能量回收技术、输配电系统、高效节能光源灯具、智能控制系统等高性能、节能技术措施，虽然多而繁杂，却有重点、有选择地实现了超高品质、超低能耗、绿色环保的设计目标。

还有珠海十字门中央商务区的珠海中心项目，作为超高层建筑，在设计中坚持可持续发展的设计理念，采用现代化先进技术，充分利用了珠海十字门湾区优越的自然环境，又避免对自然景观的破坏。同时注重建筑主体的空间景观效果，与自然环境的协调、共生关系。建筑创新方面以和谐发展、可持续性绿色建筑为目标，注重建筑设计中现代化理念与环境的结合。设计平面折角形状满足最大面积采光通风要求，设计全通透玻璃幕墙，满足办公宽阔视野要求，既有效阻断室外热量传递，又增大室内自然采光性能；酒店中庭设置采光顶棚，为室内提供明亮的自然光线；大量采用雨水回收、定风量全空气系统、变风量全空气系统等多种空调系统的选择，采用自控系统及能源计量与管理系统，实现建筑的能耗分项计量及实时监控，为节能运营管理提供数据支持。在给水排水、电气、暖通、智能化等方面通过采用以上绿色节能技术，大量降低能耗，为建筑节能设计提供一个典范。现在珠海中心已经成为珠海著名的标志性景观，其酒店及办公楼层运行均良好，受到业主及顾客的大量好评，这与设计的出发点一致，即超高层建筑应该成为节约能源及土地、具有良好社会效应的标志性建筑。

珠海中心

三、建筑技术篇

既有建筑节能改造

从"十一五"开始，根据国务院的部署，既有建筑节能改造工作开始启动。广州白天鹅宾馆作为改革开放初期中外合作的第一座五星级涉外宾馆，也是全国第一座中国人自行设计、施工与管理的大型现代化酒店，所获奖项无数，仅建筑设计方面就囊括了建筑设计金质奖章、全国优秀工程设计一等奖、全国建筑设计行业国庆 60 周年建筑设计大奖等，在2010 年国家第三次文物普查时被认定为文物。但随着时间的推移白天鹅宾馆的各项设施越来越老旧，舒适性降低，存在安全隐患，因现在星级酒店的评定标准不断提升，该宾馆也达不到五星级酒店的标准，亟待全面改造升级。作为该宾馆原设计单位，广州市设计院承担了白天鹅宾馆的更新改造设计工作，完成后不但获得了绿色二星认证、2019 年度中国勘察设计协会优秀绿色建筑二等奖等奖项，而且深受业内外广泛好评。马总，请您给我们详细介绍一下白天鹅宾馆更新改造工程，同时再展开谈谈既有建筑改造这一广受关注的热点话题。

白大鹅宾馆坐落于广州沙面岛，珠江北岸，是中国香港著名企业家霍英东先生与广东省政府合作投资兴建，由广州市设计院佘畯南院士亲自主持设计，并于 1983 年建成开业。宾馆自建成之日起便引发海内外广泛关注，在国内建筑设计行业产生了深远的影响，更因其简洁严谨的现代主义手法与岭南建筑文化的完美结合，成为岭南建筑的经典之作，在国内外获得极高的赞誉，曾接待了 40 多个国家的元首和政府首脑，包括英国女王伊丽莎白二世，德国前总理施罗德，美国前总统尼克松、布什等多国元首政要等，闻名遐迩。

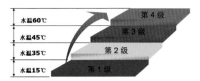

当年白天鹅宾馆是内地第一座允许非住客自由参观游览的高级酒店，这在当时国内酒店业是突破性的，史无前例。酒店厕所里还配备了免费厕纸，初期厕所里的厕纸消耗非常快，甚至整卷被拿走，但是霍英东先生说用多少补多少。在那个时代这确实是一个引领性的事件，小事件引导了整个社会文明的进步。广州人对白天鹅宾馆有美好的记忆，有很深的情结，如去中餐厅喝早茶、赏白鹅潭，再逛一逛、看一看"故乡水"，这些都留在了老广州人的记忆中。

白天鹅宾馆的建设当时虽引进了外资，在设计上给予设计师充分的尊重，有足够的空间和自由度，但建设水平和设计工作还是受限于当时的时代背景。 三十多年的岁月流转，白天鹅宾馆的功能布局、房型面积、配套服务设施等硬件配置已然无法满足现代人的需求，更新改造是其唯一的出路。

整个更新改造的总体设计原则为：一是首先要复核完善结构和消防系统，确保其安全并消除隐患；二是改造须建立在对建筑现状充分调研、全面分析的基础上；三是室内装修应充分尊重既有典型空间和装饰中的岭南风韵，实现岭南园林与岭南建筑相结合的岭南建筑文化的传承和发扬；四是土建、机电工程和装修工程全面统筹高度协同；五是外立面以修缮为主，局部结合整体风貌进行更新改建；六是全面合理控制机电设备系统的能耗水平。

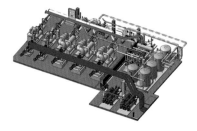

空调冷源系统

对既有建筑的改造首先要判断哪些是值得保留的东西。白天鹅宾馆是改革开放四十年中国最具标志性的酒店之一，具有独特的建筑魅力。它的空间环境布局、外立面、中庭设计，这些都经过历史的沉淀，早已成为白天鹅所特有的建筑标识，是白天鹅宾馆重要的物质遗产，需要得到保留和传承。

高效锅炉房系统

白天鹅宾馆外观

白天鹅宾馆 - 客房

白天鹅宾馆 - 自助餐厅

如其经典并具象征意义的中庭园景"故乡水",在我国改革开放初期曾引起了广大归国投资建设的海外游子思乡念祖的情感共鸣,因而成为以广州为前沿的改革开放经济腾飞的历史见证。此次改造后,"故乡水"不仅完整保留了下来,还利用现代先进的声光电技术,组合室内外景观照明,增加背景音乐的变化,在整个庭园内顺应时令节日与不同场景的需求变换声光色场景,营造出多种情调与个性的空间氛围,为一如既往的"故乡水"赋予了清新灵动的时代气息。

精华的东西如经典的形象、空间、符号都需要保留,主体结构也不能动,但为适应现代酒店建筑的运营要求,整体环境设施和设备系统都需要全面改造升级,以满足安全、舒适的要求,为来往宾客提供高品质的服务。当年为了不破坏沙面城市景观,酒店建筑高度被限制在 100 米以下,在不到 100 米高的楼内塞进 1000 个房间(因为当时的设计方案需经住建部批准,领导出于经济考虑,最终设计确定为 1000 间小房间),这对设计团队来说是个巨大的挑战,所以最后为了控制建筑总高,层高只有 2.75 米,房间面积也很小,只有26~28 平方米。这次的客房升级改造,首先是在空间上着手,扩大房间面积,提高环境品质。从开间来说,原来是 3.6 米的开间,现在把三个开间变成两个开间,或者是两个开间合成一个开间,同时按照现在的星级酒店标准和理念来设计,比如说把浴缸对着江景,让客人可以更好地观赏白鹅潭风光景观。改造之后,标准客房的面积约为 30 平方米,豪华客房或江景套房的面积达到 60 平方米甚至 90 平方米。客房的建筑层高偏矮,所以在顶棚跌级造型上,一改常规直角的做法,把跌级阳角处做成锐角的造型。客人的视线看到顶棚,会形成一种很薄、很轻盈的视觉感受,减少由于顶棚低矮造成的压抑感。

餐饮及宴会场所方面,增加了商务会议、宴会及附属商场的面积,扩展了健康休闲空间,新设立的"1983 私密酒窖",是目前可知国内唯一一间藏身于瀑布底下的酒窖。此外,广州白天鹅宾馆还新设了小型展览馆,用照片和名人旧物讲述历史故事,展现深厚的人文情怀,其中展馆中央端放置投资人、香港著名爱国企业家霍英东先生的铜像,以示纪念。

白天鹅酒店的装修非常考究,配合利用其优越的地理环境和历史沉淀,从大堂设计到客房室内装修,都体现出优雅的文化情怀。客房以淡雅色调为主,家具造型简洁雅致,富有创造性,整体格调富现代感,又不乏岭南文化的韵味。另外从空间组织、家具搭配到色调处理都十分得当,室内陈设特别注重历史文化气质,传译一定的历史文化内涵,使客人宾至如归,感到特别的温馨和舒适。

作为能耗大户的酒店建筑,在改造时如何通过有效的节能技术大幅减低建筑能耗,同样是非常重要的。白天鹅宾馆更新改造工程在节能方面作了很多积极的探索,而且取得了很好的效果。在更新改造之前,开展能源诊断,摸清了宾馆能源消耗现状。改造过程中,以提高系统效率为主要目标,综合采用了多种技术手段。如采用超高效制冷机房技术,保证机组全年高效运行;采用低阻力水系统,冷水大温差运行,在提升系统能效的同时,带来节材、节能和美观三重收益;采用高效燃气蒸汽锅炉替换燃油蒸汽锅炉,系统制热效率由 60%提升至 90%;采用高效电驱动热泵热回收热水系统替代燃油热水系统,制热效率高达 8.5;采用高效的全热回收机组作为酒店卫生热水的热源,空调余热回收系统的运作能够直接满足宾馆热水使用的需要;采用屋面雨水收集系统,雨水经处理后作为绿化用水,节约了广州市政供水的使用量;运行性能实时监测,自动调整设备运行策略,相互协调、优化运行;采用全过程目标控制的保障机制,将节能目标落实到每个用能系统和设计、施工、调试、运营的每个阶段,确保整体目标的实现。

特别值得一提的是,白天鹅宾馆这次更新改造还巧妙地将中庭的"故乡水"瀑布景观融为

广州设计大厦

水幕空调的设计当中。"故乡水"上方是透明的顶棚。在夏天时，太阳直射会令中庭处于一个比较热的环境。更新改造前的"故乡水"只是单纯的人造瀑布。更新改造后，"故乡水"里循环 10℃左右的低温水，通过冷辐射及蒸发，具有一定的降温作用，可以在一定程度上减少空调送风量或提高空调送风温度，达到节能的效果。通过测算，在不影响酒店环境的情况下，利用风机和水池的低温冷水就可以使酒店中庭北侧走廊区域在不开启空调的情况下满足人体舒适度的要求，而冷却的"故乡水"的热交换器埋在地下一层设备房，不会影响景观。整个更新改造下来，每年节省能源费用约 1700 万元。

白天鹅宾馆更新改造项目实现了提升服务品质、大幅降低能耗、节约运营成本的三重效果，为我国既有建筑改造作出了良好示范，并提供了借鉴模式。

还有个既有建筑改造的例子，就是广州市设计院的办公大楼——广州设计大厦。广州设计大厦于 1997 年投入使用，由于建筑功能布局及机电设备老化，于 2012 年对其进行节能改造。改造以建筑运行管理和控制节能为目标，对中央空调系统、照明系统、给水排水系统、电梯系统等进行升级改造，同时实现了对建筑的各类能耗进行分项分类计量，在获得建筑各项能耗数据的基础上，研究制定节能管理运行策略，采用了中央空调能效自动跟踪评价系统、基于"热力按需分配，能源按需投入"的节能改造技术集成方案、能源计量与管理系统集成平台、需求化新风调节技术、自校正变参量风机盘管控制技术和智能照明控制技术等核心技术，实现建筑运行能耗比改造前降低 40% 以上。

建筑是城市文化传承的重要载体，是城市的重要名片，具有"时代的年轮"的意义。目前，在城市更新改造过程中，关注文物、优秀近现代建筑、历史文化街区等内容已经形成共识，并且也得到政府的重视。所以像白天鹅宾馆这种历史建筑，可以得到很好的保护与更新，但城市中还存在着大量没有被列入"关注对象"的建筑，这些建筑同样也是城市重要的组成部分，是城市发展的历史记忆和痕迹斑块，很多建筑因其造型无特点并且质量较差常常被一拆了之，导致城市发展历程的"断片"。这种现象在小城镇特别普遍，很多小城镇（如果是没有历史文物的地区），老房子几乎百分之百被拆除，建筑没有超过 40 年房龄的了，这就意味着这些地方没有了历史记忆。大拆大建无外乎几个原因：一方面是经济发展即所谓 GDP 驱动，某些职能部门喜欢"门面工程"，经常仿照某个地方某一时期做一条主要的街；另一方面很多地方引入开发商，整片地开发一些新城或小区，造成"千城一面"，城市文化地域个性缺失。大城市相对好一点，因为有一些名胜古迹、文保建筑，但有时也难逃这种命运，像熟悉的广州体育馆（中苏友好时代的代表性建筑）和深圳的体育中心（全国优秀建筑）都被拆了。

建筑大师贝聿铭曾说："一座城市如果没有了旧的痕迹，就好比一个人失去了记忆。"所以必须保护历史建筑、历史街区，留住城市年轮。留住城市的年轮就是留下城市的历史记忆。城市发展过程中，无论哪个时期，每一段都是城市的根脉与记忆。每个历史阶段的东西该保留的都要尽量保留下来，不只是文物，包括普通建筑都应有所选择地划定保护范围，也不要因为否定某个年代就完全抹去其痕迹。比如有人认为 20 世纪六七十年代的水刷石住宅很丑，不好看就全部推倒重建。城市不能变成两极化，只留下要么是民国时期的骑楼建筑，要么是现代化的高楼大厦、玻璃幕墙、钢结构之类的建筑，这样会造成时代的断层，湮灭历史信息。

每个年代该有的还得有，历史不能断裂，建筑需要延续，至于怎么去更新改造既是建筑师的责任，也是社会需要认真思考的问题。要考虑如何在不损害建筑的外在风貌与内在文化的基础上，对建筑进行更新升级，在尊重历史的前提下按照现在的需要去完善它。如建筑立面改造、空间改造要尽可能保留原有的建筑结构，主要着眼于建筑形体、建筑空间、建筑材料、建筑色彩等方面，重点在最大化地保留原有建筑的风貌；而建筑功能的改造则侧重于置入新的功能，在建筑外部形象上保持其原真性并产生新的艺术效果，既要引入新的加建部分，又不能对原有保留部分建筑产生破坏性影响，在保护与创新中寻找平衡与共生，有传承；也有创新，并让原有建筑与现代化城市格局相融合。让每一个年代的人，都能因为那个年代的建筑，留存属于自己那一代人的城市记忆。

建筑与结构

任何一个建筑设计方案，都会对具体的结构设计产生影响，而有限的结构设计技术水平又制约着建筑设计的形式。因此，在建筑设计的过程中，建筑师应具备一定的结构方面的基础素养，能与结构设计配合、相互协调，使二者有机统一，才能创作出真正优秀的建筑设计作品。建筑创新需要结构设计的配合，在大多数情况下，结构对实现创新起着至关重要的作用，应该把结构放在什么地位？是要求结构完全服从建筑创新、以建筑创作为先导？还是尊重基本的力学规律，建筑与结构设计适当结合、相互协调？

许多建筑师包括国际知名建筑大师，强调创作的美观、新颖、标新立异，强调创作的最大自由度，这样的建筑设计肯定会给结构设计提出更高的要求。作为建筑物本身必须承受巨大的自重荷载和活载、水平风力、地震力、扭矩力等，如果建筑师在进行平面设计和竖向设计构思时，不依据基本的结构技术原理和有关结构的受力特征，不征询结构设计师的意见，往往会使结构工程师不能有效地选择合理的结构体系进行结构设计，导致结构不稳定等问题。比如将建筑物截面设计成为三角形，其抗弯矩力和抗侧能力比圆形、矩形、多边形截面要小得多。再者，有一些建筑师缺乏对结构力学的基本常识，在设计过程中，往往忽视力学的基本规律。如：在需抗震设防的地区，高层电梯设置在大楼的某一侧，没有和整个建筑物的刚度中心重合。建筑与结构两者之间有着密切关系，特别是在高层建筑中，由于结构是以水平荷载为主要控制荷载，结构体系的选型和结构布置要考虑最有利于抗震和抗风的要求。同时，结构构件截面尺寸还要满足刚度的要求，这样便对建筑设计形成了一定的约束和限制。

所以建筑师想要在结构方面有所突破、有所创新，必须自己掌握一定的结构力学知识，才能判断哪些结构师能做，哪些不能做。当然任何一个专业都有底线，安全肯定是底线，一个不可动摇的底线，建筑师为了达到某个空间效果想在结构方面创新时，首先要遵循结构工程师的底线，但同时也要知道结构能做到什么地步，心中有数才能更好地与结构师去沟通协调。创新肯定会有代价，可能投资会增大，但是这个投资值不值得，最后要看总体的效果去衡量。

广州图书馆作为一栋重要的公共建筑，安全至为重要，特别是结构安全。常规建筑的结构技术已经很成熟，但广州图书馆由于其特殊造型，整个结构体系存在倾斜、扭转不规则、凹凸不规则、竖向刚度不规则、单跨框架和独立树形结构等超限情况，属于特别复杂的 A 级高度超限高层建筑，这样的非常规建筑则需要更先进的结构技术和建造方法。

广州图书馆作为纯框架连体结构体系，其结构倾斜情况为目前中国最大，所以也被称为"最斜的建筑"。南楼整体向北倾斜 6.8°~14.8°，北楼南侧向南倾斜 8.3°~12.67°，北侧向北倾斜 2°~14°，东山墙中柱分叉倾斜最大达 19.573°。因此设计根据结构受力，北楼采用钢筋混凝土结构，南楼西段 4 跨采用单跨钢结构，其余采用双跨型钢混凝土组合结构。第 8 层为南北楼连接层，沿南北向框架布置 9 根连杆（箱型钢梁）及局部楼板，将南北楼连接成整体，形成连体结构，以保证整体结构的稳定和安全。

广州图书馆项目为特殊的弱连接连体结构，连接构件除宽度仅为不到总宽度 15% 的一层楼面外，其余采用轴力连杆。因此设计研制了以承受推拉轴力为主、卸除弯矩的新型建筑推力关节轴承万向铰接单元——结构件万向铰接单元，用于连杆与两端框架之间的连接。

另外，由于建筑设计要求，建筑西南角设计了一根象征岭南文脉的骑楼式的独立柱，在结构上与楼面结构形成树状结构，并存在大跨度悬挑的极不利情况，为此，对独立柱及树状结构的稳定分析和不利组合分析提出性能化设计目标，满足罕遇地震时构件处于弹性。独立柱采用钢管混凝土柱，为了保证钢管与混凝土的传力协调、共同作用，在矩形钢管中加了垂直肋板，把钢管的力传到混凝土上，同时加强了钢梁、钢支撑与钢柱的传力构造。通过分析，节点在大震下不出现屈服，做到"强节点、弱构件"，达到抗震性能目标。通过具体的建筑工程解决其设计、施工的关键技术，丰富了这类建筑的建造技术。

广州图书馆骑楼式独立柱

广州图书馆倾斜形体局部

设计横琴湾酒店项目的时候，结构方面也作了很多创新，像酒店大堂柱为圆形，而上部客房则为规则的矩形柱网，且大堂柱距大，大跨度 5 层通高，为了建筑造型和空间的要求，在七层设置梁跨超过 20 米的转换梁。同时为了控制转换梁、柱的截面，且考虑到室外需面对滨海大气氯离子的腐蚀，大堂中间圆形柱采用钢管混凝土柱，外围柱采用型钢混凝土柱，转换梁采用型钢混凝土梁。所以一进酒店大堂就可以看到多条硕大美丽的海豚，其实这些海豚里面就是钢管混凝土柱。

横琴湾酒店大堂

还有很多超高层建筑的结构也是非常复杂的，如珠江城（广东烟草大厦）项目，在设计中综合运用了多项新技术以实现安全、经济的结构体系，其中风力发电机的结构形式，即风洞附近楼层沿建筑物长向、短向均设置钢支撑，与框架柱共同组成空间桁架体系，还获得实用新型专利。又如广州周大福金融中心（广州东塔）项目中，其巨型框架—核心筒结构体系是在国内地震区、结构高度超过 500 米的建筑中首次采用，解决了没有规范依据的巨型钢管混凝土柱及钢板混凝土剪力墙复杂构件承载力设计难题，经过巨柱屈曲分析、防连续倒塌验算、考虑混凝土收缩徐变的施工模拟、舒适度分析等专项研究，保证了结构安全及大跨度楼盖竖向舒适度要求。

艺术与技术

"建筑是艺术及技术的结合体，任何创作都离不开技术的支持和科技的创新。"这句话说得非常好！现在技术对设计的重要性越来越大。技术不仅是设计的手段和支撑，技术本身也成了设计的内容。据了解，马总一直走在技术的前沿，对新知识的学习、新技术的运用与时俱进，对新软件新工具的运用也很熟练，那么您是如何看待技术本身以及技术与设计之间的关系的呢？

一座好的建筑物常常被看作是建筑技术与建筑艺术的完美结晶。从建筑史的角度来看，每一次建筑的巨大进步几乎都是以新技术、新材料的突破为前提的。从我国传统建筑来看，早期的木构技术无法建造大体量的单体建筑，秦汉的宫室往往以高台式的处理来满足建筑艺术上的需要；当以斗栱为标志的木构体系成熟之后，才看到唐宋时期建筑艺术的极高境界。从西方建筑来看，金属工具、运输技术、雕刻工艺造就了古希腊神庙的精美和典雅；拱券结构和天然混凝土的采用造就了古罗马建筑的辉煌宏伟，使集中式构图的艺术处理手法趋于完善；肋骨拱、飞扶壁等技术的采用使哥特建筑达到了无与伦比的崇高艺术境界；生铁和钢的工业化生产使像埃菲尔铁塔那样的崭新形象成为可能；而钢筋混凝土结构技术、钢结构技术、玻璃的发展和成熟把人类带进了现代建筑的新纪元。

在我看来，技术实际上有两个层次的含义，一个是设计的工具，另外一个是设计的内容。从设计工具层面来说，实际上我们这代人都是从手工绘图画过来的，铅笔线条、钢笔线条、仿宋字、水墨渲染、水彩渲染等这些都是大学时代必练的基本功。手绘是建筑师快速表达设计思想的一种手段，能够在我们不断思考和反思的过程中及时并准确地捕捉设计灵感，收集琐碎的想法，不断完善方案的合理性。手绘的特点就是快节奏，不必考虑过多的细节，也不在于画面的效果，重点是概念性的表述，强调眼、脑、手、图形的高度统一。所以到目前为止，我都喜欢用手绘草图来构思方案、推敲设计。

手绘是建筑设计的一种重要方式，但不是唯一的方式。早年没有计算机时设计上有许多限制，有时候方案设计成圆形时，圆心可能在别人的桌子上（通常每个人一张绘图桌）。所以那时候方案大部分做得规规矩矩、方方正正，即使倾斜也采用三角板的固有角度 45°、30°、60° 来做设计。但在当今科技高速发展的年代，电脑制图在设计中已经应用得非常广泛，绘图工具有 AutoCAD、3ds Max、VRay、Photoshop、SketchUp、Revit 等。

任何的弧线、折线、斜线都能精确绘制，空间也不被局限在几何形体的范围内，它推敲的范围会更广，更加直接，更能激发设计的思路。所以技术进步、工具的变化实际上使设计理念、思维习惯、方案推敲都发生变化。同时现在设计上新的要求也更多了，比如说做绿建、零碳、碳综合之类的。建好模型用软件测算分析一下，就能知道方案是不是真的节能。所以说以前设计凭直觉，现在会更理性、更科学。

工具的变化除了能提高设计效率外，还能拓宽建筑师的思维，所以我很喜欢去接触一些前沿的东西。我应该算是国内第一批用电脑软件绘图的建筑师（当时用的是法国 AEC 软件，因为 AutoCAD 还没推广）。早期的软件没有现在的好用，模型较难建，记得在广州市设计院曾经有个电脑绘图比赛，我参加了比赛并且拿了第一名，因为别人画图都是点菜单命令键，而我的英文还可以，手速也比较快，都是记命令和快捷键，所以比别人快 1/3 的时间完成了绘图。另外让我印象比较深的是花地湾项目，有一座六十多层的超高层，当时设计了几个方案，业主都没有采纳，后来我就做了一个动画，将构思完整的建筑空间场景"真实"地显现在业主眼前，很快就通过了这个方案。所以，电脑绘图工具有时还能提高设计方案的采纳度。

现在很多新出的软件如 Rhino、VRay、Revit 等我都有所尝试，我觉得这些前沿的设计软件工具都要了解、都要用。事实上我也与很多中外设计机构合作，那些知名事务所也使用很多新软件、新技术，这也算是一个世界潮流。

建筑物是供人们居住、工作等活动的空间和场所，可以看成是生活的容器。与汽车有高档车、低档车一样，建筑物的品质与性能也有高低优劣之分。要提高建筑物的质量，同样要解决一系列技术问题。例如，提供舒适的灯光照明以满足视觉的要求；提供良好的声环境和音质，来满足听觉的需要；提供适当的温度和湿度环境，来满足身体的舒适性要求，并提高工作效率等。特别是现在"新冠"病毒还在全球迅速蔓延，健康的话题也变得更加令人关注。因为这种病毒的出现不仅突显出人们对健康环境的需求，而且还要求建筑师在设计建筑时额外考虑那些极具挑战性的新因素，比如使用健康材料、利用日光和新鲜空气等。此外，还需要考虑到地球的生态问题。建筑师可以通过技术为人类、社会和环境等提出积极的建筑设计方案，创造出更好的、以人为中心的建筑空间。

广州市设计院与美国 SOM 建筑事务所合作多次，他们对于新技术的追求让我十分佩服。关于新技术他们会开展各种课题深入研究，在设计时选择适当的技术路线，运用近些年所出现的新技术，根据项目的建设条件，对多种技术加以综合利用、继承、改进和创新，在设计中通过技术寻求更好的建筑性能、更高的效率、一体化的综合使用功能和杰出的大楼外形与表达方式。他们做了很多办公楼，虽然办公楼外观都是规规矩矩的，但是核心新技术却用到了极致。

建筑师在设计的时候，都会致力于发掘和表现建筑的本质特性和文化内涵，但却容易忽视技术。直面现今绿色节能技术中的主动与被动、"高技"与"低技"所需的经济与技术投入，绿色节能技术中主动式高技项目多因前期投入高、经济回报低，仅在政府项目、外资项目和少量大型国企项目中进行投入和尝试，而商业地产开发项目往往望而却步。甚至有人认为使用新技术浪费钱，而且也只是靠技术堆砌和片面地追求高技术来吸引眼球，这样的想法对建筑的创新和发展都是非常不利的。就好像汽车发明的时候，英国议会通过了一部《机动车法案》，后被人嘲笑为《红旗法案》。其中规定：每一辆在道路上行驶的机动车，必须由 3 个人驾驶，其中 1 个必须在车前面 50 米。以外做引导，还要用红旗不断摇动为机动车开道，并且速度不能超过 6.4 千米 / 小时。由此可见，《红旗法案》对于创新的危害性是巨大的。类似这样的创新"杀手"，在当今全世界各国，在各行各业依然存在。

总结来说，一方面，建筑师除了要保持自己基本功外，视野要更加广阔一点，设计工具也要与时俱进；另一方面，作为建筑师，我们确实有义务、有责任推动新技术的应用。这也要求我们必须要不断地学习新知识，了解其他专业，关注不断进步的新技术、新工艺和新材料。

创新驱动发展，创新决胜未来

创新驱动发展，创新决胜未来。创新对于建筑设计行业的发展具有重要的推动作用，建筑要反映时代的技术水平，建筑师要学习和了解最新的科技发展和成果，用科技创新推动建筑的发展。能否请您结合具体的设计案例来详细谈谈这句话的含义？

对于新领域的开拓与创新，在过程中往往是很困难和痛苦的，但结果是令人喜悦的。如广东长隆集团委托广州市设计院设计珠海长隆海洋王国就是一次很大的挑战，挑战了建筑师的学习、组织协调等综合能力，考验着建筑师的基本功。项目的成功受到社会和业主的肯定，并多次获奖。由于得到长隆业主的肯定，广州市设计院先后承接了长隆集团的珠海长隆横琴湾酒店、企鹅酒店、熊猫酒店、国际马戏城、海洋科学馆以及清远长隆项目等。

好的项目其实离不开好的业主，做长隆项目的时候，长隆集团董事长苏志刚先生就给我留下非常深刻的印象，他的经营理念是"永远要学习，永远要创新"。长隆的前身其实是香江野生动物园，当时苏志刚先生还只是个刚起步的民营企业家，要办野生动物园简直是天方夜谭。从动物来源、专业人才、法规审核、检疫报关、长途空运、通关入境到安全饲养、科普展览、营运管理各方面对他都是全新的挑战。但是苏志刚先生反而迎难而上，通过不断学习、出国考察、到处寻求专家帮助，最终将困难一一化解。

香江野生动物园成功后，苏志刚先生将新加坡夜间动物园的模式引入长隆大马戏，到后期开放了野生动物世界自驾车游览区，开创了自驾车观看野生动物的全新模式。在建设长隆酒店的时候，苏志刚先生又创新了在酒店中庭放养野生动物的全新尝试并取得成功。在后来规划建设的长隆欢乐世界、长隆水上乐园、珠海长隆海洋王国等，苏志刚先生的理念不断创新，把每个项目都做到极致。如今的长隆集团集主题公园、酒店、餐饮、娱乐休闲等营运于一体，成为中国旅游行业的龙头企业。长隆成功的背后其实离不开苏志刚先生对政策、市场、消费者心理、竞争环境的理性解读、设计探索和经营创新。

创新，永远是时代的主旋律。以前的成功经验告诉我们，开发商想要成功需要不断创新，而建筑师想要设计出好的作品同样也需要不断创新，你不创新可能追不上潮流，被时代给淹没了。科学上的新理论、新发明的产生，新的工程技术的出现，经常是在学科的边缘或交叉点上，重视交叉学科将使科学本身向着更深层次和更高水平发展，这是符合自然界存在的客观规律。当不同的学科、理论相互交叉结合，同时一种新技术达到成熟的时候，往往就会出现理论上的突破和技术上的创新。所以建筑师不仅要掌握本业的知识，还要了解其他相关专业、甚至其他行业的知识，与时俱进，不断学习，这样才能通过碰撞创造一些新的东西。开拓与创新会为我们打开一个新领域，这在建筑市场竞争激烈的环境下尤为重要。

BIM 与人工智能

您及您的团队在许多项目中使用了 BIM，能不能结合实际案例作个较为详细的介绍？谈一谈 BIM 的技术要点、使用过程的经验体会？可以把使用当作实证研究，归纳总结出其中的规律性。另外能否结合社会发展和科技进步，展望建筑创作将来可能发生的变化，比如人工智能及更加完备的专业软件的开发利用，可能带来的影响和变革，特别是 AI 在可以预见的未来，将在设计领域扮演什么样的角色？

BIM 技术作为一门新兴技术，近些年来在建筑行业内异军突起，发展迅猛。它实际上是一门基于建筑技术和信息技术相结合的工程管理控制技术。建筑行业采用 BIM 技术，由粗放型管理向精细化管理过渡，由过去的会议拍板决策向经验数据决策迈进，通过三维信息模型的基础载体，实现在前期策划、规划设计、建筑设计、工程造价、工程施工、工程运维各个阶段的可管控、可追溯的全生命周期的精准管理，另外还带动了装配式建筑的落地和发展，极大地提高了工程建造的质量，缩短了建设的周期，建筑行业也因此搭上了数字化时代的快速列车。

广州市设计院早在 2006 年广州太古汇项目设计中就采用 BIM 建筑信息模型支持项目全过程的技术整合、设计修正、成本控制、施工管理、物业运营等环节。业主组织设计团队派出专业技术人员参与建筑信息模型（BIM）建模，利用 BIM 模型校验设计成果，进行绿色建筑评价标准的复核和实施效果的数字模拟等。BIM 模型凭借精确的可视化设计，模拟建造，及时发现可能产生的"错、漏、碰、撞"，有效控制建造时间和建筑垃圾的产生，大大降低物料浪费，也减少施工阶段能耗。信息模型在项目建成后便移交物业管理供运营及维护使用。

珠海长隆海洋王国项目内设计了多个超大型构筑物，其中最具代表性是冰山与鲸鲨标志塔（ICON）。冰山高约 52 米，同时内部有水上过山车游乐设备及北极熊展览馆穿过，其规模巨大，标高复杂，导致结构设计难度极大。通过实物模型三维扫描，建立电子模型，在此基础上进行游乐设备布置和结构设计，满足了建筑功能与效果的要求。

鲸鲨标志塔（ICON）为一跃出水面的鲸鲨造型，高度达到 65 米，同时造型奇特无规律，采用传统钢结构会出现定位、节点设计及施工安装困难。为此，建立 BIM 模型，根据 ICON 造型特点，创新地对每一固定高度做一平面"切片"，把复杂的空间造型简化为楼层结构，并采用传统建筑常用的楼层混凝土结构实现 ICON 的基本造型，在基本造型成型后，再采用成熟幕墙轻钢次结构，实现细部复杂造型。该做法利用传统、成熟的建筑施工工艺满足复杂的造型，具有受力可靠、经济性良好、工期较短等优点。

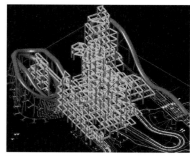

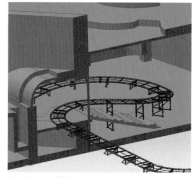

过山车 BIM 模型

冰山过山车

海狮海象区

鲸鲨标志塔

海洋科学馆效果图

鲸鲨 BIM 模型

还有珠海长隆海洋科学馆项目，其建筑形体以太空飞船为设计理念，外形前卫，极具科技感，同时由于外形复杂，给设计带来了巨大的挑战。广州市设计院在设计前期通过参数化软件对建筑外表皮进行建模，并通过调整相关参数，快速地得出不同的幕墙方案，为幕墙施工图落地提供了可靠的技术支撑。另外，海洋科学馆还运用了 BIM 模型进行风洞实验、全年日照轨迹分析、室外平台热辐射分析、建筑室外风环境分析、建筑整体疏散模拟、窗墙比、遮阳、朝向计算等多项分析，最终获得广东省住房和城乡建设厅颁发的三星级绿色建筑设计标识证书，以及美国绿色建筑委员会颁发的 LEED 金级预认证证书，成为大型主题乐园建筑中绿色、低碳的典范。

关于 BIM 技术未来的发展，我认为将来一定会与人工智能技术相结合，与其一起构筑行业发展的蓝图。信息时代，数据就是黄金，而大数据会驱动新一代人工智能快速前进，BIM 将对行业的数字化做有力支撑，设计院作为数据的生产者、提供者，其核心地位不言而喻。要实现以上目标，在基础层面上要搭建智能环境，将智能的设备通过约定的协议和互联网联系起来，形成智能物联网，使设备能够自动的交换信息、触发动作和实时控制。

其次，是要将 BIM 技术和云计算、大数据、人工智能和互联网相融合，实现工程建造和运维全过程的海量数据、异构数据的融合、存储、挖掘和分析，做到从数据到信息，从信息到知识，从知识到决策，建造智慧的管理。最后，还要结合移动终端、无线传感器、无人机、点云扫描、云计算技术、数字化现实捕捉等多方向、多领域技术，充分发挥 BIM 技术的信息价值，为行业发展加砖添瓦。

目前 AI 算法在建筑设计领域已经有了多重应用场景，像 AI 辅助建筑强排、辅助幕墙方案设计以及最近很热门的 AI 辅助施工图审查等。这些工作原本都需要设计师或者相关工作人员花费大量时间去做各种较为重复的工作，利用了 AI 技术之后，最大的特点就是解放了设计师的生产力，让设计师将时间花费在最核心的工作上，而不是重复性的作图工作，真正意义上让"设计回归设计"。

四、建筑前沿篇

粤港澳大湾区

近期在国家的发展战略中提出了推动粤港澳大湾区的建设，粤港澳大湾区不仅要建成充满活力的世界级城市群、国际科技创新中心、"一带一路"倡议的重要支撑、内地与港澳深度合作示范区，还要打造成宜居宜业宜游的优质生活圈，成为高质量发展的典范。以香港、澳门、广州、深圳四大中心城市作为区域发展的核心引擎，这一区域是我国开放程度最高、经济活力最强的区域之一，在国家发展大局中具有重要战略地位。广州作为其中极为重要的节点城市，您认为它在推动整个粤港澳大湾区的发展中，扮演什么样的角色、承担着什么样的职责？ 2020 年，全球疫情带来的中美贸易脱钩与全球化收缩再次将大湾区推向风口浪尖，给未来笼罩上不确定性的阴影。随后，推进湾区战略与深圳先行示范区的政策纷纷落地，大湾区在新一轮改革开放中需要再次负重前行。粤港澳大湾区具有很强的发展韧性与潜力。后疫情时代，更应勇担重任，如何为国家的"双循环"探索可持续发展之路，迭代出新的经济发展与区域治理模式？建筑师能做些什么？

获得世界瞩目的粤港澳大湾区建设，在中央《粤港澳大湾区发展规划纲要》（后简称《规划纲要》）战略部署下正大力推进。《规划纲要》中明确了香港、澳门、广州、深圳四大中心城市作为区域发展的核心引擎，继续发挥比较优势，做优做强，增强对周边区域发展的辐射带动作用。湾区的建设离不开珠三角及港澳两地的设计产业链和专业资源的交流和融合，所以要多核联动，即大湾区城市的设计力量要联合起来，加强不同领域空间设计的对话，形成协同创新的合力，构建开放兼容、共创分享、优势互补、多赢共生的创新生态和行业发展氛围，探索未来设计产业在新常态下的更为多样的交流和合作可能性，为粤港澳大湾区建设助力。

广州建筑业要牢牢把握粤港澳大湾区建设的重大机遇，要以更宽广的视野、更远大的目标、更有力的举措，全面参与粤港澳大湾区建设。首先，要尽早谋划、研究和布局，做好人才、队伍、资源等各方面的储备，充分利用既有的发展优势，在粤港澳大湾区建设中发挥更大的作用。其次，要坚持高质量、高标准、高起点，以深度参与世界一流大湾区建设为契机，全面适应国际商务规则，加快"走出去"的步伐，积极参与大湾区建设。第三，要拓展与深圳、香港等建筑界合作的广度和深度，加强沟通交流，携手承揽国际工程项目。

自建立特区以来，深圳就是一个充满活力、富有想象力的城市，他们勇于开拓、勇于创新，也正因如此，深圳成为一个不断创造奇迹的城市。在建设方面，深圳在深圳湾、前海、后海等大型区域工程建设方面很多优秀的经验值得广州的建筑师去借鉴、去学习。

我最近去深圳参观考察产业园、科技园，发现深圳的规划理念已经非常超前了。以往理解的产业园就是厂房，或者是由一些孵化器、办公楼之类的建筑组成。但是深圳产业园或者科技园在功能构成上表现为以产业研发为主导功能，集合多种生活配套与产业配套于一体的，多样化、高效率、相互联系的一组建筑。在空间形态上，表现为中高层的产业研发楼通过低层的配套功能空间相连成为立体化的有机整体；在产业组织体系上，表现为促进产业要素高效率聚集的功能混合模式。整个园区非常注重产业配套和生活配套的设置，产业配套主要包括金融、法律等服务类机构，高等院校的分支机构，电信、移动等服务运营商。生活配套主要包括餐饮、服装等商业经营机构，公寓、住宅、酒店等居住设施。所以对企业来说，很多事务不出园区就能直接办理；对就业者来说，在里面工作，衣食住行都很方便，甚至还有 24 小时幼托服务。

《规划纲要》内还提到拟放宽建筑专业人士在大湾区提供服务的限制，扩大香港工程建设模式实施范围。参考深圳前海做法，设立《企业准入名册》，允许香港建筑师事务所在内地试点区域直接提供服务。名册可涵盖香港建筑署建筑顾问公司名单、建筑师学会公司会员名单等。这样能吸引更多香港建筑事务所及青年建筑师到大湾区发展，我们也正好可以向香港学习他们国际化的管理办法，比如香港建筑师的"建筑师责任制"，我们做广州太古汇的时候，也采取的是建筑师负责制。

总之就是要不断学习大湾区其他城市的先进理念与技术，引进国际高端的建筑设计人才，更好地服务于大湾区建设，更好地贴近发展战略的总要求，为国家建设贡献力量。

再谈谈疫情，这次的疫情敲醒了地球人对生命敬畏和思考，也促进了建筑师对大型公共建筑设计理念的转变。未来大型公建设计是否要考虑建筑生命全周期的可能性和建筑功能的可转化性，特别是疫情期间，无论是体育馆、会展场馆等大型建筑转变成方舱医院的案例，还是雷神山、火神山的装配式医疗建筑的快速建造，都突破世界先例。对未来公共建筑设计我有几点思考：

第一点，经济发展及公众行为的改变。建筑师要让公共建筑能考虑转换功能的可能性，比如东莞市民服务中心，原建筑是 21 世纪初的会展建筑，随着东莞制造产业的迁移，会展功能一度空置，最后改建成市民服务中心和地下商业空间，这是一个典型受经济影响建筑功能需求的改变。

第二点，公共建筑要塑造多一些开放的空间。特别是在疫情期间，人流密集的场所，融入开放的大厅、平台，多用自然通风和采光，多用被动式建筑处理空间的方法，让建筑多一些人与自然对话的空间。

第三点，装配式建造不仅有利于工厂化生产、快速安装建造，形成循环利用的低碳、生态的建筑，也是公共建筑如何应对社会大型突发事件、如何满足类似此次疫情需要的解决方案，这也是建筑师要认真思考的地方。

中外合作

您曾经与多家海外著名设计机构合作过，能否具体谈谈不同文化背景下的联合创作，包括合作机制，工作模式、程序，是否因为文化的差异而产生冲突矛盾？如何有效地化解？从整体来看，国外大师、设计机构有哪些方面值得我们学习、借鉴？请举例说明。

这十几年中外合作在设计界是非常常见的一种合作方式，是中国设计发展到这个阶段必须要经历的过程。在中外合作设计过程中，境外设计公司将资本市场的运作方式带入国内建筑设计市场，同时还带来了当今国际上先进的建筑设计理念、思潮及新技术。它不仅繁荣了国内建筑创作市场，更能促使国内建筑师进行观念和方法上的更新。

广州市设计院与不同国家、地区的设计师合作，可能在设计制度、设计程序、业务范围和深度、工作方式和方法、设计理念、工作态度和习惯、职责和权利等设计全过程、全方位存在差异和碰撞。这个过程对我们来讲实际上是一个学习和进步的过程。不像国内设计院这种大而全的苏联模式，国外设计团队的专业性非常强，这一点让我感触非常深。像美国很多事务所，大多数只设计某些类型建筑。比如捷得国际建筑师事务所（The Jerde Partnership）设计商业综合体， SOM 建筑师事务所基本也只设计几个类型，如写字楼、车站、机场之类，这些事务所的特点就是把这些类型建筑研究到极致，不单是研究建筑空间、建筑技术，还要从经营者角度去研究怎么用、怎么好管理、如何使效率最高。他们在做某一项设计的时候几乎聚集了这个领域的顶尖专家，有专业的顾问团队，比如说做机场的时候会有机场专业团队，做体育建筑会有体育专业团队，做商业建筑会有商业策划团队合作等。作为一个建筑师来说，不可能熟悉每种类型的建筑，今天做商业，明天做医院，后天做影剧院，不可能每种类型都能了解得非常清楚透彻，所以专业顾问团队是国内建筑行业非常缺乏且迫切需要的。

实际上我们设计商业建筑时也会有商业顾问公司，他能告诉你要怎么运营，只有运营好才能真正地赚钱，建筑师了解相关知识才能把设计做好。又比如说做体育建筑，做体育建筑不仅是把体育功能做好，外面罩个罩，更需要了解内部的体育运动功能，怎么运营才好，如何与现代设计理论接得上，这些都必须有专业团队的支撑。

前些年我接触过新加坡机场的顾问公司，与他们有过一次比较深入的对话。他们介绍了顾问公司产生的缘由。在新加坡机场建设的过程中，一个服务团队一直跟着机场建设，跟了若干年积攒了非常多的建设经验，在机场建完后保留下来转为机场设计顾问公司，承接世界各地的业务。成都的 T2 航站楼就聘请了他们。其实国内也有这种情况，只是另外一种形式，比方说广州机场的 T1 航站楼、T2 航站楼，它有个临时成立的指挥部，指挥部的人是各个单位抽调过去的，项目搞完了就解散回原单位了。国内这种指挥部，因为机制、体制的原因持续存在下去不太现实，但是换个思路，设计院作为一种相对稳定的群体，可以延伸业务，把项目建设经验总结，避免教训出现在别的项目中，不仅承接设计，还做咨询、做顾问，其实未来还是有很大前景的。

在与美国 SOM 建筑事务所合作设计珠江城（广东烟草大厦）时，发现 SOM 的建筑师对各专业都很了解，对世界上的新技术和新材料也很熟悉，能够娴熟地将新技术和新材料与建筑设计完美结合，以期实现高效能。2011 年，SOM 通过了一项计划，目标是在 2030 年之前实现所有建筑零能耗。在 SOM 事务所接手的项目中，如果设计人员缺乏所需的专业知识，那么他们还会挖掘外部资源，包括国家建筑实验室、哈佛公共卫生学院、华盛顿大学设计实验室和其他非营利机构等，使其成为自己的顾问团队，帮助设计人员去实现专业及技术上的突破，通过更多的前期投入来换取长远效益，即打造出更有价值的建筑和更健康的环境。

这对我们有很大启发，所以广州市设计院开始与国内建筑高校保持长期合作、联合研发，同时引进国外先进新技术并进行本土化研究与再创新，进一步提升科技创新水平。针对建筑设计的重难点，根据夏热冬暖地区的气候特点，系统研发集中空调系统的节能和经济运行设备；完善及优化被动式建筑的设计，掌握计算流体力学、热环境、声环境、能耗模拟软件的分析优化技术；针对包括宾馆、办公楼、住宅等在内的不同类型建筑，形成适用性强、效果显著的绿色节能技术集成方案。如在广州白天鹅宾馆更新改造项目中大胆应用新技术，把新技术和设计结合在一起，将白天鹅宾馆的能耗降低到一个新水平，为业主每年减少近 1000 万元的费用。还有广州发展大厦，设计采用了活动遮阳板的概念，整个遮阳板随着太阳的角度而旋转，立面从早上到傍晚有不同的变化，是活动的立面。大厦盖好之后现在也在测评，具体数字没有公布，从业主感觉来说，比一般的建筑物能耗降低比较多。在结构设计与研究方面，也研发了多项新技术应用于高难度建筑，尤其是超高层、大跨度及新颖复杂形式结构的工程中。

在中外合作设计中，除了可以向他们学习建筑专业知识外，还可以了解他们的投资体系、管理制度以及如何运用软件设备等。比如说 SOM 的经理人制度，经理人制度就是在项目整个过程中，除了建筑师之外，设计组会配一位项目经理（Project Manager），由项目经理负责有关成本管理、设计进度及对外事务性联系工作。后来做广州太古汇项目的时候也采用经理人制度。太古汇项目主要由广州市设计院来牵头，中间也发生过一次小插曲，因为也是中外合作设计的形式，在方案初期外国建筑师包括业主对我们提的一些建议不是很重视，后来初步设计第一次评审没有通过，当业主问责的时候，经理人把以往的会议纪要翻出来，上面清楚地记录了专家提出的问题我们在一开始就提出来了，只是没人在意。经过这次事件之后，业主对我们的态度转变了，所以也算是用国外的管理制度来保护自己的权利。

当然举这个例子并不是说我们比外国设计师厉害，只能说各有各的优势，外国的建筑师可能在理念会先进一些，但对当地的气候、文化以及行业的规范、规定等方面，我们肯定比他们更熟悉。现在的业主也越来越客观和理性，国外的建筑师一般只参与前期设计阶段，后面的方案深化、落地还是交给本地院负责。这里还是要回到之前我说过的一个观点，任何一个建筑（特别是大型建筑）都不是一个建筑师能做出来的，而是一个团队共同努力的结果。只不过中外合作设计的时候，这个团队就包括了外国的建筑师。每个项目不管是方案设计阶段、还是施工图阶段，要想有较好的完成度、成为较好的作品，实际上每个阶段都在设计，不断地完善。

建筑师负责制

建筑师要关注建筑理论、思潮，关注文化和传统，关注建筑的构造、材料和技术。建筑的复杂性不仅仅来自于本身的功能、造型的要求，更多的是来自于社会组织系统的工作。解决这种复杂性在倡导建筑师负责制的背景下，借鉴国际通行成熟经验，显得越发重要。探索建立符合建筑师负责制的权益保障机制，建筑师承担的服务业务内容和周期，结合项目的规模和复杂程度、确定服务报酬等。广州市设计院最近完成了企业改制，更加有利于在提供建筑师负责制的项目中，完善相应的法定责任和合同义务。建筑师负责制并不能免除总承包商、分包商、供应商和指定服务商的法律责任和合同义务，如何依靠建筑师特别是项目主持建筑师（项目总负责人）的主观能动性、知识修养、创新精神、结合社会技术的进步提升建筑创作的质量和创新能力，多出好作品、多出精品？您能不能结合实际案例谈谈这个问题，特别是如何处理好建筑师负责制与建筑全过程的复杂性。

建筑师负责制是当下建筑业的热门话题之一，随着中国城镇化建设的不断推进和对外开放国策的不断深入，中国建筑师正面临着越来越高的职业要求。一方面，国内建筑业发展由粗放式向精细化转型，要求建筑师承担更多责任，不断提升建筑品质和质量；另一方面，随着"一带一路"倡议的推进，越来越多的企业和建筑师要"走出去"，这就要求建筑师要熟悉国际惯例。在这样的时代背景下，建筑师负责制呼之欲出。

建筑师负责制是发源于西方职业建筑师的一种执业服务模式，在国际上普遍通行。建筑师负责制要求建筑师对建造过程中的设计与施工全过程负责，在整个设计阶段承担技术设计及整合责任，在招投标和施工阶段承担督造及统筹管理责任，行使业主的部分代理权，最终实现设计意图、保障业主利益最大化，并形成社会的良性建筑环境资产以及建筑市场的公正和良治。

建筑师负责制下的建筑师实际上是一个抽象概念，并不是一个单独的个人、一个单独的建筑专业，甚至不限于一个设计单位，而是指一个设计咨询团队，是以注册建筑师（责任建筑师）为核心的社会咨询团队。在这个团队中，责任建筑师发挥主导、协调、监督的作用，咨询团队或个人对其成果的专业性、正确性及完整性负相关的责任。

由于我国的建筑行业实践长期以来聚焦于设计环节，而建筑师负责制所倡导的是建筑师"前延后展"的全程化职业服务，即除方案设计、初步设计、施工图设计外，建筑师还要对景观、室内、灯光等相关专业的设计予以总体控制，要负责项目前期策划与可行性研究、施工监理、使用后评估等一系列工作。

建筑师负责制增大了建筑师的权利，也加大了建筑师所需承担的责任。建筑师担任工程质量、进度、投资控制总负责的角色，在设计、施工阶段拥有了更高的发言权、决策权和领导权，有利于保证工程质量。但是也必须看到，目前推行建筑师负责制面对的最大问题是责、权、利失衡。在目前相应法规及制度缺失的前提下，片面要求建筑师负责是有失公平的。像前段时间的万达售楼部失火导致人员伤亡，建筑师虽然没有在图纸上签名盖章，还是被量刑了。我曾经问一位美国建筑师，在美国建筑师的权力那么大，会不会存在受贿行贿问题。他当时很诧异，停留了大概几十秒以后，回答我说："我的设计费占了总投资的12%~15%，而下面的每个分包商业务最多仅占总投资的20%~30%，他可能到手也就几个点的利润，所以他贿赂不动我。"所以还是需要通过具体的法律条文来界定建筑师"负哪些责、有哪些权、获哪些利"，做到有法可依、有章可循，避免工程相关方责权不一、利益争执等现象出现。

另外能不能实行建筑师负责制，很大一个程度是看业主。现在业主大部分是没有这种意识的，很多业主给我感觉建一个建筑好像是吃的快餐一样，很快做完就算了，后面不管了，建筑不维护也不保养，然后过几年就转手了，等新业主要更改这个建筑的功能或者形态，他可能又去找另外一个建筑师，所以这样就很难做到真正的全过程负责。实际上成熟的业主，他会把这个建筑物作为自己很珍贵的物业，每修改一点都会很认真、很慎重。如果能形成这种环境气氛的话，建筑师负责制的推行是水到渠成的事情。像日本、德国或者其他一些发达国家，他们的业主在项目完成之后，每年都会支付给设计单位一定比例的服务费，让原建筑师去负责后期的保养、维护和变更等。也就是说这个建筑物在这个使用过程中出了什么问题，或者业主想改动功能都是找回原建筑师去设计。德国建筑师他一辈子可能就做 7 个房子，7 个设计，每年这 7 个房子有任何需要修补、调整的设计工作也都是归他负责，这样不管是业主还是建筑师都会很安心，这种生态我觉得要有很长一段时间才会形成。

广州市设计院设计广州太古汇项目的时候，业主专门聘请香港建筑师做顾问，和我们一同推行与国际接轨的建筑师负责制，所以太古汇整个项目基本是按照香港建筑师负责制去管理，有专门建筑师团队在现场管理整个项目的实施，具体到施工单位的每一张变更单都需要建筑师签名。太古汇在 2011 年交付给业主，后续的更改及维护也是由广州市设计院跟进，保证其物业始终如一的高品质。比如说主力品牌变更店铺位置，需在新的店铺空间里面增设电梯，业主找回广州市设计院重新设计、重新出图；如有的店铺需要放一个中型保险箱，业主也让相关负责人找回广州市设计院出具主体结构承载安全证明……当然这些后续服务也是要按单项来收取相应服务费用的。

总的来说，建筑师承担总体协调和总设计师的角色，对项目最终价值与品质起着关键作用。但是发展建筑师负责制需要所依托的从业环境与机制的完善，责、权、利对等。当下的建筑工程建设情况千差万别，制度设置不能一蹴而就，而应该分阶段、多层面逐一完善，逐步推行。

以优质设计实现老城市新活力

根据广州市规划和自然资源局编制的《广州"老城市新活力"三年提升计划（2019—2021 年）》，广州将开展 6 大类、20 项行动，让全城焕发云山珠水、吉祥花城的无穷魅力。您也是《携手发挥设计力量·实现老城市新活力》倡议书的成员之一，请您具体谈谈作为一名建筑师，应该如何以高水平设计创造高品质的城市空间，激活城市活力，推动高质量发展。

2018 年 3 月 7 日，习近平总书记在参加十三届全国人大一次会议 广东代表团审议时，对广东工作提出"四个走在全国前列"的指示，同年 10 月 22~25 日习近平总书记亲临广东视察工作，提出了广州要"实现老城市、新活力，在综合城市功能、城市文化综合实力、现代服务业、现代化国际化营商环境方面出新出彩"的指示。尤其是在考察荔湾区永庆坊时，习近平总书记指出："城市规划和建设要高度重视历史文化保护，不急功近利，不大拆大建。要突出地方特色，注重人居环境改善，更多采用微改造这种'绣花'功夫，注重文明传承、文化延续，让城市留下记忆，让人们记住乡愁。"这是对广东、广州未来工作的总定位，也是对城市更新工作的把脉定位。

改革开放 40 年间，城市化不断推进，使得中国的城镇化率从 17.92% 提升至 59.58%。数字突飞猛进背后，一面是城市快速发展带来经济繁荣景象，而另外一面也暴露着城市发展面临着风险与挑战——土地资源日益稀缺，中国的城市规划从"扩大增量"变成"优化存量"。

城镇化进入下半场，迈入高质量发展阶段，从以往粗放式的建设模式转入精细化、品质化的建设阶段，对于城市空间的营造提出了更高的要求。塑造高品质的城市空间应从不同的维度思考，要紧扣"生态文明"和"以人为本，以人民为中心"的发展观念。在宏观层面要以绿色发展为引领，将生态文明理念转化为设计策略，在具体的设计实践中探索，摸索有效的实施路径；在微观层面要秉承以人为本为理念，关注现阶段人本需求和人的行为模式的变化。

在衔接实施层面，我认为设计关注的核心可简要地归纳为"尺度""地域""细节""人"四个方面。
第一点是"尺度"：首先应有完整的尺度观念，既有从大到小，也有从小到大的尺度考虑。审视某一空间、场所或单体建筑，不应拘泥于用地红线之内，应放大思考的范围和边界，从周边关系，从不同城市的视角来审视，精细规划，反复推敲；而项目本身的尺度考虑自不必说，要与具体功能相匹配。

第二点是"地域"：这里的"地域"有多重含义，一方面是对地域气候的回应，比如岭南地区的炎热多雨，那么设计的建筑物、城市空间就要考虑如何应对这样的气候特点，具体手法上可以借鉴和吸纳传统地域建筑的特色、精髓，也可以应用新技术、新材料探索创新。另一方面是对地域文化的思考，如何将地域的传统、文化、风俗等丰富的文化内容，通过物质空间这个载体表达呈现，塑造有地域风貌特色、有文化内涵、有情感共鸣的城市空间。

第三点是"细节"：高品质一定离不开精细化的设计，对细节的把控孜孜以求，是贯彻"工匠精神"目标要求的切实行动。

第四点是"人"："以人为本"，从大处着眼，从细微处着手，关注当下人的需求和行为习惯，做有温度的设计，充分体现人文关怀，打造人们喜闻乐见的场所，自然能吸引人的集聚，带来空间长久的活力。

刚才谈到的四点其实也是相互关联、你中有我的。当城市历经高速发展之后，在新与旧、增量与存量、历史保护与创新发展之间，需要有更开阔的视野、更高的站位，积极探索，营造高品质的城市空间，为高质量发展提供空间载体，使城市呈现城—人—自然和谐共存美好图景，实现老城市新活力。

公共建筑

Public Buildings

广州周大福金融中心
Guangzhou CTF Finance Centre

建设地点：广州珠江新城
建成时间：2017 年 12 月
用地面积：2.65 万平方米
建筑面积：50.83 万平方米
建筑高度：530 米（地上 111 层、地下 5 层）

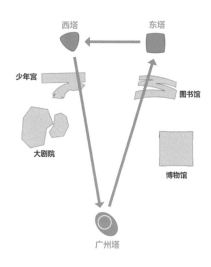

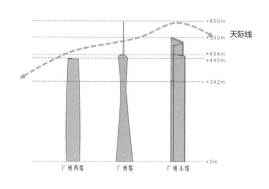

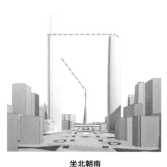

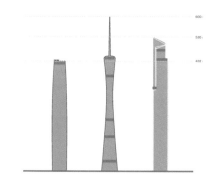

广州东塔与周边地标建筑空间关系分析图
图片来源：KPF 方案文本

广州周大福金融中心是一座集办公楼、服务式酒店公寓、酒店、娱乐、餐饮、会所、车库等为一体的综合性超高层建筑。建筑采用刚柔并重的外形，以直线条为主面，与西塔在中轴线两侧互相对话，以双腔合唱的方式，发挥汇聚周边建筑与空间的效能作用，加强城市中主轴的凝聚力，建成后以 530 米的高度成为广州最高商业建筑，广州新的商业及休闲地标。

与广州塔的圆形、西塔的三角形不同，广州周大福金融中心外观采用了直线的"方形"设计，更追求一种简单、自然、实用的效果。虽然造型各异，但三塔有用最简单的基本形状相互呼应，保持了风格上的和谐统一。东塔和西塔在中轴线上有和谐共存的效果，同时能强调自电视塔向北延伸城市中轴线的向心感染力。

作为广州第一高建筑，项目在天际线上占据重要位置。采用"退台"与垂直性相结合的手法，塑

造塔楼从下至上向内收紧的体型感，随着楼层的升高而逐节减小，通过"退台"设计营造节节上升的体量感，使其具有如同直冲云霄的水晶体般迷人的整体效果。倾斜的退台位置，使其得以与周边建筑进行对话，塔冠处"之"字形退台设计与其南面的广州图书馆曲折形态相呼应。

建筑外形设计上的退台，产生的体量和平面的变化，正好与功能上的需求相协调。随着塔楼从低区到高区，使用功能上也从办公过渡到服务式酒店公寓、酒店，建筑退台、阶梯状的建筑外形设计，使主要功能区楼层面积最优化。4 个"退台"正好为对应使用功能的空中大堂提供了屋面花园平台，营造空中花园俯瞰城市的美景。底部办公区顶部平台可以看夕阳西落，中部国际公寓区顶部平台可以看日出东方，对景观要求最高的五星级酒店平台可朝东南西面远望，既可看日出日落，又可欣赏珠江。这种逐层退进的形体设计手法，延续到裙房设计上。裙房基础部分与塔楼结合，

随着体型的升高逐层退后，最后在中部形成大的天窗，给裙房内的商业环廊提供自然采光。

主楼和裙楼位置同时考虑经建筑物分割和组合而成的内外空间布局。主楼和裙楼起伏有致，沿街立面在主要城市空间节点对应位置凹凸有序。

立面设计突出了其垂直性。立面材料采用中空双层超白 Low-E 玻璃，加凸槽状冰纹釉面的白色陶土板挂件。明亮的白色线条凸显其外立面的垂直，挺拔长条的白色陶面挂件隐藏了开启窗、LED 灯、擦窗机道轨的痕迹，营造连续、一气呵成的效果。玻璃、金属和石材的巧妙组合，形成简洁、高雅的立面效果。广州周大福金融中心是世界上使用陶土板最高的超高层建筑项目。陶土板是一种高性能的低碳环保材料，白色裂纹的釉面采光方式千变万化，提供了有效的遮阳作用。雅致的外框架，勾勒出居高临下的全景视野，单元幕墙上还设有隐藏式可开启扇，呈竖向内开布置，既不影响立面整体效果又为室内提供良好的自然通风。

2018 年，新世界发展有限公司旗下的高端生活品牌 K11 正式入驻东塔。K11 提倡艺术、人文、自然的相互融合，其国际化、高端的品牌形象以及倡导原创、活力的生活方式正好与天河 CBD 旨在塑造的小区特质不谋而合。而广州 K11 在设计中融入的"榕树"概念，亦与南粤文化有着颇深的渊源。商场中心有一个天空舞台，为节目演出、作品展览提供了一个很好的场所。多层的四面的观景平台，让每一位商场的顾客在整个购物过程中都可享受精彩的表演节目。

主塔楼采用巨型框架 - 核心筒结构体系，由钢筋混凝土核心筒、8 根巨型钢管混凝土柱、同 6 道双层环桁架组成的巨型框架组成。这一结构体系使得标准层平面具有最大的楼层平面开放度，最高的空间利用效率和最好的景观可视性，较好满足了对室内建筑空间的使用要求。这是该体系在国内地震区结构高度超过 500 米的建筑中首次采用。

灯光材料主要使用低能耗的 LED 灯具。主塔楼采用晶莹明亮、立体通透的白色灯光，营造出繁星点点在夜空中闪烁的动感效果。

设计团队：

广州市设计院、Kohn Pedersen Fox Associates PC、DLN Architects Ltd.、利安顾问有限公司、奥雅纳工程咨询（上海）有限公司深圳分公司、柏诚工程技术（北京）有限公司广州分公司

主要设计人员：

马震聪、王松帆、罗铁斌、张南宁、周名嘉、屈国伦、肖建平、赵力军、肖飞、曾庆钱、陈永平、张建新、沈耀忠、古美莹、朱祖敬

重要获奖：

全国优秀工程勘察设计行业奖
建筑设计一等奖｜结构一等奖｜智能化一等奖｜电气二等奖

广东省优秀工程勘察设计奖
建筑设计一等奖｜结构一等奖｜电气一等奖
智能化一等奖｜勘察二等奖

中国建筑学会建筑创作大奖（2009~2019）

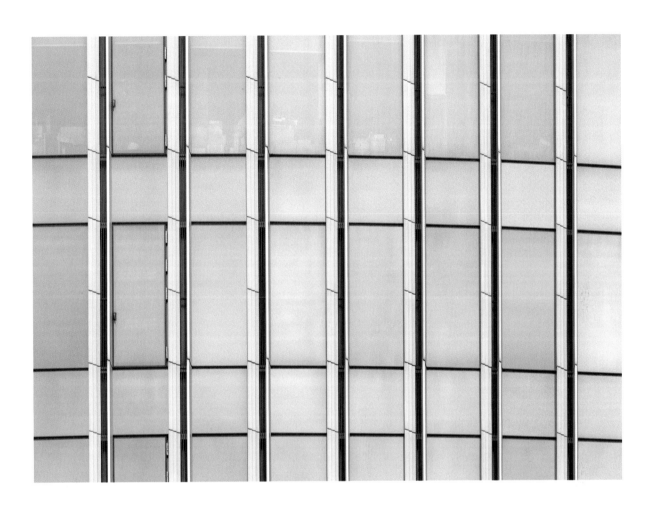

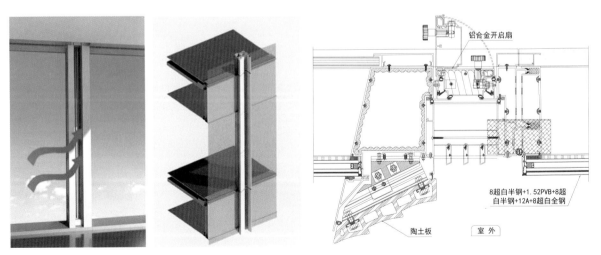

铝合金开启扇

8超白半钢+1.52PVB+8超
白半钢+12A+8超白全钢

陶土板　　　　室 外

塔楼单元墙遮阳及通风设计

珠江城
Pearl River Tower

建设地点：广州市珠江新城
建成时间：2013 年 3 月
用地面积：1 万平方米
建筑面积：21 万平方米
建筑高度：309 米（地上 71 层、地下 5 层）

珠江城建筑设计遵循"可持续发展"和"生态优先"的原则，综合运用风力发电、太阳能发电、辐射制冷带置换通风、高性能幕墙、日光感应及人员感应控制等 11 项先进节能技术，从减少（能源消耗）、吸收（可再生能源）、回收（冷、热能量、水）三个方面实现超低能耗目标，被《华尔街日报》誉为世界最节能的商业办公建筑之一。

绿色规划调整项目南偏东 12.8°，使建筑获得开阔的江面视野和极佳的城市景观，同时也便于利用可再生能源。平面设计时充分考虑自然照明，并尽量降低太阳辐射对东、西立面的能耗和舒适性的影响。立面设计时充分利用东南面吹来的盛行风发电。结合建筑体型，在建筑外立面的幕墙顶部、东西侧的部分遮阳百叶上设置太阳能光电板。同时建筑朝向对准广州东塔和西塔的"双塔巨门"空间中心点，并与广州塔遥相呼应，与周围环境建立起和谐的空间关系。

富有空气动力学美感的流畅曲线外形受赛车引擎启发，在 100 米和 200 米高度设立 4 个垂直轴风力发电机，使建筑犹如一个可以运转的机器，富有活力。风力发电技术与建筑设计一体化结合，实现发电的同时减少大楼风荷载，提高安全性，节约结构用钢量，也为建筑设计领域开辟新的创作之路。

追求高效建筑空间与现代性价值观，摒弃奢侈主义价值观，追求合理空间尺度。多义性一体化设计使建筑与装修一次性完成，并使选用超常层高标准成为可能。珠江城天花多义性一体化设计包含空调制冷末端的冷辐射板、照明反射板、吸音板、安装有喷淋及烟感。地板也多义设计包括新风系统和智能管线。与等高的常规建筑相比，3.9 米层高、2.8~3 米净高，使用多义性一体化设计，

节约装修空间 21 米，建筑面积净增约 1 万平方米，相当于 5 层楼高。双轿厢电梯的应用，使原 27 单层电梯的配置减少为 22 台，同时提高办公标准层平面的使用效率，由 75% 上升为 80%。

本项目采用 11 项节能新技术如下。

① 风力发电建筑一体化——巧妙在建筑塔楼 24 层及 50 层上设置贯穿南北方向的 4 个风洞，在风洞内设置风力发电机，利用可再生能源风能产生电能。

② 光伏发电建筑一体化——在建筑东西向遮阳板处及屋顶玻璃幕墙处设置光伏组件，光伏与建筑一体化，利用可再生能源太阳能产生电能。

③ 智能型内呼吸式双层玻璃幕墙——珠江城采用超高层建筑智能型双层内呼吸幕墙与遮阳技术。采用 300 毫米宽度单元式双层内呼吸幕墙，并在双层幕墙空腔内设置铝合金遮阳百叶，增强其采光和遮阳的效果和灵活性。提高室内的热舒适性，使其具有抗噪声性能强、自然采光效果好等特点。

④ 辐射制冷带置换通风——办公室顶棚采用冷辐射顶棚，采用温、湿度独立控制系统（即房间内区冷辐射空调系统 + 周边区干式风机盘管系统 + 地板送新风的置换通风系统）。

⑤ 高效办公设备——办公设备如电脑显示屏等采用低能耗的办公设备。

⑥ 低流水与无流水装置——卫生间采用真空负压冲洗及红外感应控制等节水控制装置。

⑦ 高效照明——选用高效灯具、高效光源。

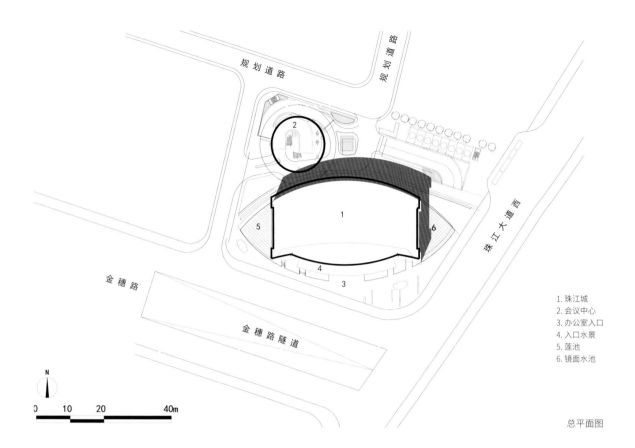

总平面图

1. 珠江城
2. 会议中心
3. 办公室入口
4. 入口水景
5. 莲池
6. 镜面水池

⑧ 照度及红外感应控制——大空间办公室窗边照明、个人办公室照明及卫生间照明均采用照度及红外感应控制。

⑨ 高效加热 / 制冷机房——开创性采用了乙二醇溶液冷却螺杆式热泵冷水机组，夏季供冷、冬季供暖，巧妙地实现一机多用和制冷系统的一致性，既节省了初投资、节约了装机有效建筑面积和解决了风冷热泵机组所带来的环境噪声污染和震动的问题；也提高了夏季的制冷效率（相对风冷冷水机组，其 COP 值要高很多）；同时也能维持与风冷热泵机组相当的制热 COP 值，其节能效果非常明显。

⑩ 需求化通风——采用变风量变频节能控制方案，办公用房的新风系统采用绝对含湿量的 VAV 控制。

⑪ 冷凝水回收——将本大楼的空调冷凝水全部收集后输送至首层冷却塔的出水端，从而降低冷却水的供水温度，提高冷水机组的运行效率。

该项目在设计和建设过程中系统性地将地域光照、风力、潮湿度等环境特点与现代建筑力学、

形体学、结构学、工程学、管理学相结合，实现其现代绿色环保新理念，对指导类似项目的绿色节能建筑设计，提高绿色建筑水平，促进绿色技术的应用与发展具有深远的意义。

设计团队：

广州市设计院、美国 SOM 建筑事务所

主要设计人员：

马震聪、黄惠菁、周定、赵力军、周名嘉、李继路、丰汉军、赵松林、华锡锋、沈耀忠、侯则林、叶充、许云、刘谨、黄伟

重要获奖：

全国优秀工程勘察设计行业奖
建筑设计一等奖 | 电气一等奖
结构二等奖 | 环境与设备二等奖

广东省优秀工程勘察设计奖
建筑设计一等奖 | 科学技术奖一等奖 | 电气一等奖
环境与设备一等奖 | 结构二等奖

住房和城乡建设部"双百工程"国家超低能耗示范工程铂金级 LEED-CS 认证

广东省第二届岭南特色建筑设计奖铜奖

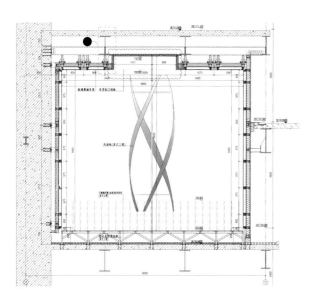

风力发电装置幕墙大样

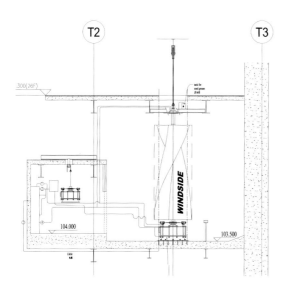

风力发电装置机组大样

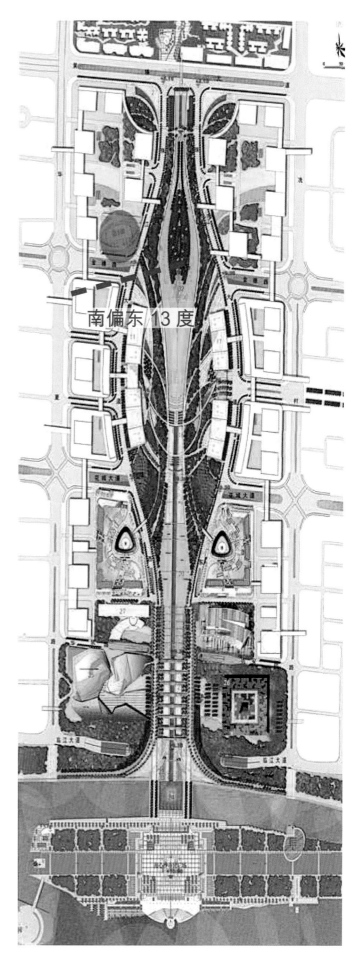

南偏东 13 度

风力发电装置

外遮阳百叶

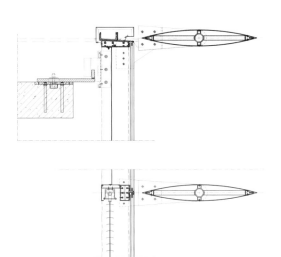

幕墙视觉样板节点图

双层幕墙

外遮阳百叶未开启实景　　　　外遮阳百叶半开启实景　　　　外遮阳百叶全开启实景

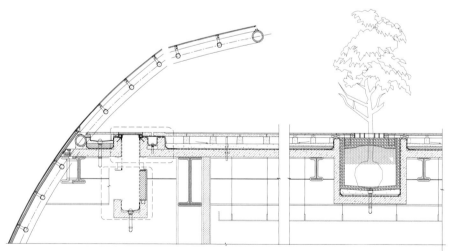

屋面剖立面详图

1. 主入口
2. 入口水景
3. 莲池
4. 镜面水池
5. 入口大厅
6. 电梯厅

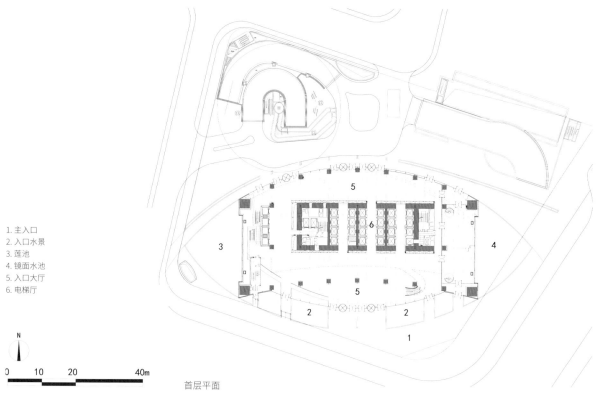

N

0   10   20   40m

首层平面

广州图书馆
Guangzhou Library

建设地点： 广州珠江新城
建成时间： 2012 年 12 月
用地面积： 2.1 万平方米
建筑面积： 9.8 万平方米

广州图书馆坐落于有广州"城市客厅"之美誉的花城广场，馆藏量 1068 万册（件），是世界上规模最大的城市图书馆之一，日均接待公众访问 2.7 万人次、外借文献 3.7 万册次，创造我国公共图书馆的服务纪录，跻身世界公共图书馆前列。建筑用地面向新城市中轴线，与周围的博物馆、歌剧院、第二少年宫组成广州市四大新城市文化设施。图书馆地上 10 层、地下 2 层、高 50 米，除需与周围环境保持协调外，还要体现出个性特征。"之"字体优雅造型、倾斜的结构设计、象征岭南文脉的骑楼式独立柱设计、寓意书籍堆积与历史文化沉淀的建筑肌理，一反传统图书馆的安静庄重形象，展现出更多动感与雕刻感。

广州图书馆以"美丽书籍"设计理念为出发点，建筑原型是一个南北约 60 米、东西约 100 米、充满理性的书籍形象体量。在这个形象体量上进行分割，寓意受到重力、摩擦等自然力的流动作用后，形成"书"所特有的优雅造型。建筑分割线的位置、角度、深度，均以保证图书馆建筑所必须的适当平面进深，满足大开间平面布局所必须的自然采光和自然通风为前提。

建筑幕墙采用天然石材的层叠凹凸，寓意层叠堆放的书山，亦使人联想到堆积起来的书本，让人感受到文化的历史沉淀。

东西走向的南北塔楼之间，形成 40 多米高、气魄宏大的通高中庭，内部空间采用较大开放式设计。中庭既贯穿建筑东西方向，又贯通建筑一至九层，站在中庭即可饱览建筑全貌。中庭是一个宽阔且拥有舒适室内环境的多功能空间，是获取图书馆各类信息的服务中心，亦是举办各类活动的广场，更是人们相遇交流的空间，通过这样一个完全开放的公共空间，充分展现出图书馆作为"第三空间"应有的全新理念。

内外空间采用同一平面关系，东西立面大玻璃幕墙保证内外空间的自然过渡和无障碍延伸，内部空间地面材质刻意与外广场材质保持统一，以保证内外空间的自然过渡、无障碍延伸，使人们不由自主地从城市公园吸引到图书馆。内外空间可以诠释为一个"内外不分、无限延伸的城市公共广场"，它贯通东西，甚至成为西边文化广场与东边商住区的公共通道，具备

"亲民"的内在品格。

广州图书馆为形体复杂的倾斜连体建筑，为非常规的结构体系。因框架结构体系是抗侧刚度相对较弱的结构体系，在国内设计中没有像广州图书馆这样倾斜的框架结构，并同时存在如此多的复杂性和特殊性。为此，广州市设计院对该项目关键技术专门进行立项科研，丰富了这类倾斜建筑的设计及建造技术。研究成果包括：倾斜框架结构受力、变形特性研究；整体倾斜、连体高层建筑的抗震设计和抗震性能目标研究；倾斜独立柱的内力和变形特性及稳定研究；独立柱形式研究及节点分析；南北楼连体结构设计关键技术研究；推力关节轴承万向铰接单元研究；倾斜框架结构施工关键技术研究，配合施工模拟分析作计算复核；连体结构幕墙设计关键技术研究等。

广州图书馆是艺术与技术的完美结合，既有美丽的外表，也有深厚的内涵，既有舒适的空间和环境，亦能做到安全、高效、实用。

设计团队：
广州市设计院、日本日建设计

主要设计人员：
马震聪、杨穗红、甘剑雄、宫川浩、野口直人、戴歆、张健、何建汉、卓瑜、彭水力、陈永平、肖飞、林心关、甘兆麟、黄楚凡、彭少棠、张博

重要获奖：
全国优秀工程勘察设计行业奖
建筑设计二等奖 | 结构二等奖

国家优质工程奖
全国工程建设项目优秀设计成果一等奖

广东省优秀工程勘察设计奖
建筑设计一等奖 | 结构一等奖 | 电气二等奖

广东省土木建筑学会科学技术一等奖
广东省土木工程詹天佑故乡杯奖
广州市科技进步奖二等奖

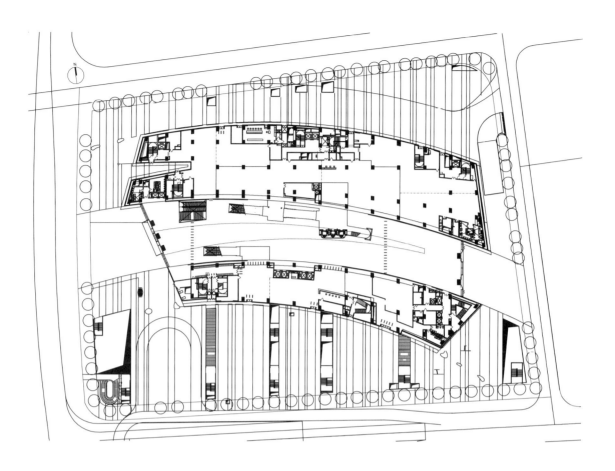

首层平面图

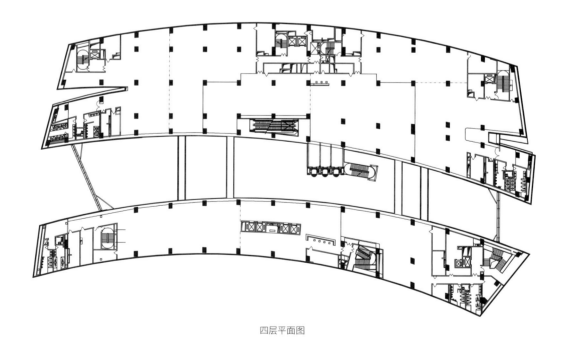

四层平面图

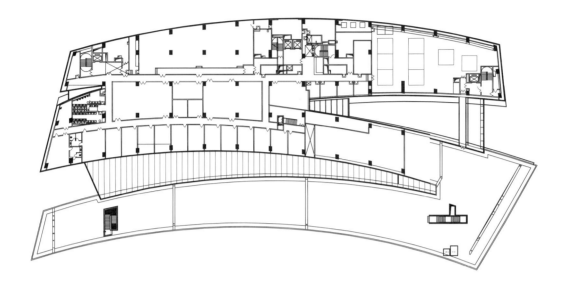

十层平面图

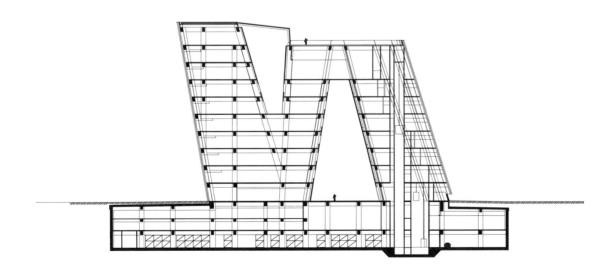

剖面图

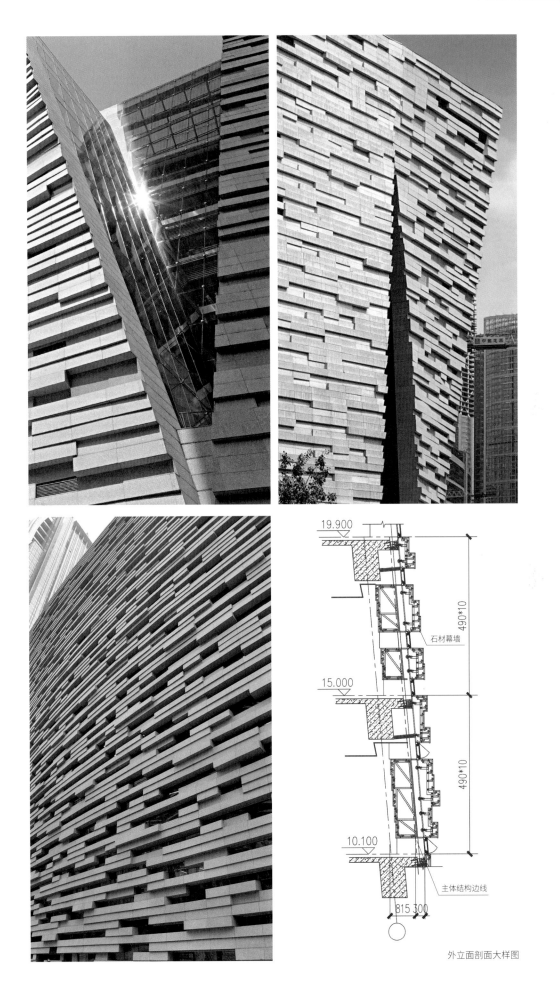

石材幕墙

主体结构边线

外立面剖面大样图

广州太古汇
Guangzhou Taikoo Hui

建设地点：广州天河路
建成时间：2011 年 5 月
用地面积：4.4 万平方米
建筑面积：45.76 万平方米
建筑高度：212 米（地上 42 层、地下 4 层）

广州太古汇位于广州天河核心商圈，毗邻新城市中轴线，由两座办公塔楼、一座酒店、一座文化中心及两层商业裙楼五部分组成。作为大型城市综合体，体现了集约城市空间、营造活力社区、贯彻绿色生态、提升环境品质等城市可持续发展理念。

"友善对话"的建筑群体布局：功能各异的塔楼分别坐落于用地四角，向外的角部对角切出球面弧线，形成效果丰富的群体，如璀璨的正方体水晶从稳重的石材基座生长出来，与城市空间友善对话。

"活力社区"的多元城市环境营造：建筑的内、外公共空间均是城市公共空间的无缝衔接、延展与提升，充分解读"公共性"与"城市性"。其卓尔不群的空间品质与最佳顾客体验，使之成为城市综合体发展中具备综合城市效益和绿色示范价值的典范。

"集约高效"的城市交通组织：巧妙使用地下空间，串联地铁、公交集运（BRT）、公交车等大规模公共交通，吸引公众利用太古汇接驳公共交通。地下车库实行分区管理，按车辆类型分车道，高效进出停车库，内外有别，体验较佳。

"通畅舒适"的流线组织与空间体验：商业中庭空间无柱，通透、流畅、导向性强，安全性高；利用天窗导入自然光，优质的室内声环境、柔和的灯光，带给顾客全方位舒适性的流线组织与空间体验。辅助空间远离店面及中庭两侧，客货分流，保证商业空间完整性。办公塔楼采用近似方形的平面，空间间隔灵活，视野开阔，楼面实用率高。柱跨及幕墙分隔采用国际惯用模数。

"生态节能"的绿色建筑设计：2006 年始率先采

用 BIM 建筑信息模型技术，提高建造品质与效率。在环境与城市设计、资源利用、舒适程度及产量效益四方面实现绿色设计；两座办公塔楼均获得了 LEED EB 铂金级认证，商场部分更赢得了全球首个封闭型室内商场的 LEED EB 铂金级认证的美誉。

"全面负责"的建筑师项目全程设计管理：国内建筑师总体统筹与协调全部专业的服务工作，与国际建筑师职责完全并轨，确保项目具有高品质完成度。

设计团队：

广州市设计院、Arquitectonica 建筑设计事务所、美国 Thomton Tomasetti 结构师事务所、迈进机电工程顾问有限公司、LWK & Partners (HK) Ltd. 等

主要设计人员：

马震聪、杨焰文、李子刚、周定、高琳、周名嘉、常煜、吴晓华、李倩娱、雷秋雯、汤华、杨克明、杨穗红、伦茵娜、梁晋恺、屈晓勤、卓愉、胡晨炯、门汉光、李继路、叶茂烜、蒙卫、陈安君、邹军、赖海灵、余新荔、李赞聪、王巍、符志良、宛平

重要获奖：

MIPIM 亚洲最佳综合体银奖

全国优秀工程勘察设计行业奖
建筑设计二等奖 | 工程勘察二等奖

中国建筑设计奖
给排水金奖 | 结构银奖 | 暖通空调银奖

广东省优秀工程勘察设计奖
建筑设计一等奖 | 工程勘察一等奖

广东省第二届岭南特色建筑设计奖银奖

广东省科技创新专项二等奖

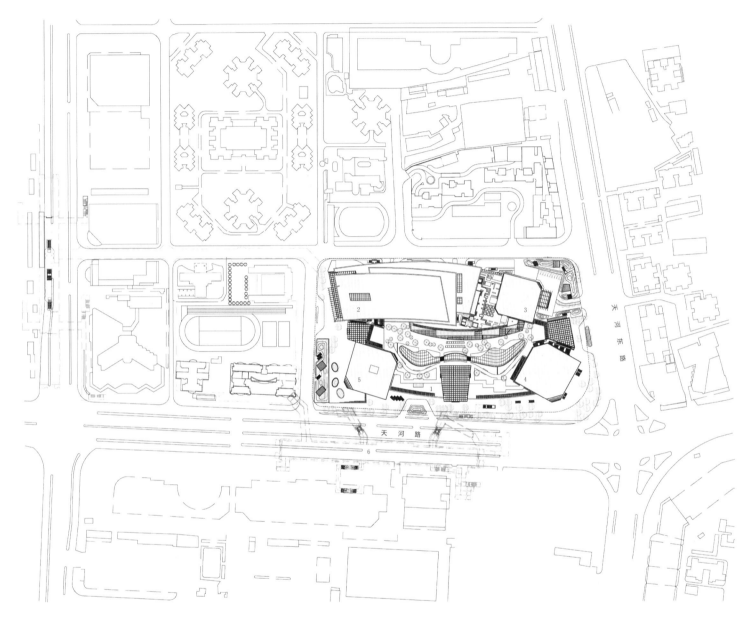

总平面图

1. 裙楼商业（屋面花园）
2. 文化中心
3. 文华东方酒店
4. 办公塔楼1
5. 办公塔楼2
6. 地铁3号线石牌桥站
7.BRT

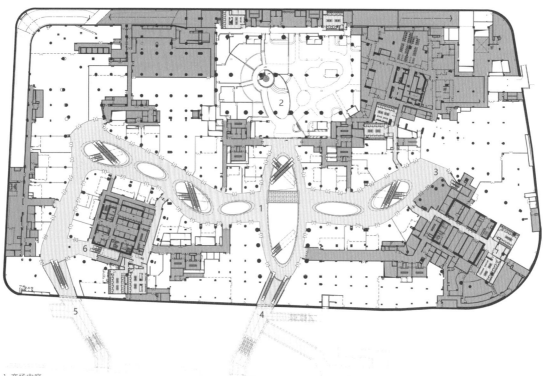

1. 商场中庭
2. 商铺
3. 连接办公塔楼 1
4. 连接地铁 3 号线石牌桥站地铁口及 BRT 车站
5. 连接地铁 3 号线石牌桥站地铁口
6. 连接办公塔楼 2

地下一层平面图

保利国际广场
Poly International Plaza

建设地点：广州琶洲
建成时间：2006 年 10 月
用地面积：5.76 万平方米
建筑面积：19.65 万平方米
建筑高度：160 米

保利国际广场
Poly International Plaza

保利国际广场是由南北两栋办公楼、东西两栋玻璃裙楼、南北两个联系长廊等组成的建筑群，是华南地区最先采用地板送风节能空调方式的办公楼。项目用地较为方整规则，构思是以建筑物围绕基地形成一个大型、向内的半公共空间，创造出一个中心花园，使建筑群各组成部分连成一整体。

两栋高层塔楼正南北向，东西错开排列，以便获得充足日照和临珠江景观。错开排列及局部首层架空的措施让北面江风和东南向夏季主导风穿越基地，增加了建筑的迎风面，使室内自然通风顺畅。以商业为主的东西裙楼与南北双塔主楼围合出一个半公共的大型中心绿地庭院空间。东南角较低高度裙楼为琶洲塔拓开一片天空，使之成为双塔办公楼南面的主要景观。

双塔楼底层局部架空，四周建筑围合的缺口处，结合雨篷及柱廊创造和围合中心庭园空间，以外部珠江、内部水景和绿地相呼应，顾客可充分享受并融入绿色的生态环境中，从中心花园到珠江这一由内至外的视线轴线，连续而毫无阻隔，创造出无限延伸的视线层次。

建筑外墙以透明玻璃幕墙为主。结构外墙采用白色铝板、大片玻璃插入实墙内的手法。塔楼底部三层通高的门厅和中部三层通高的避难层均以玻璃材质构成，创造出独特的视觉效果。裙楼外飘的雨棚与连廊采用光栅、铝板及木材，群楼实墙面采用天然石材。

以"珠江来风"为主题，突出了建筑"飘"的个性，强调的是水平向连绵的律动感。以150米高的"双塔"为特征，与会展中心水平向的律动感产生强烈对比，强调出点状的构思。滨水景观由开敞空间和建筑形态、内部庭院三个层次构成，带动出富于动感的琶洲珠江南岸城市天际轮廓线。

设计团队：
广州市设计院、美国 SOM 建筑设计事务所

主要设计人员：
马震聪、BrianLee、侯则林、吕向红、蔡伟平、周定、许云、丰汉军、赵力军、余浩松、周名嘉、华锡锋、温武袍、李觐、黄伟

重要获奖：
全国优秀工程勘察设计行业奖
建筑设计三等奖 | 环境与设备三等奖

广东省优秀工程勘察设计奖
建筑设计二等奖 | 环境与设备二等奖 | 结构三等奖

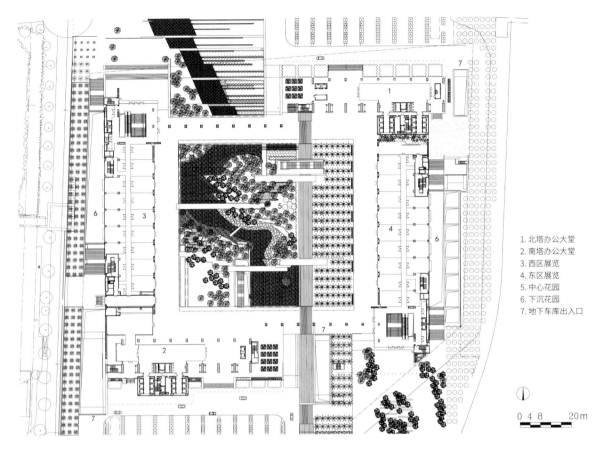

1. 北塔办公大堂
2. 南塔办公大堂
3. 西区展览
4. 东区展览
5. 中心花园
6. 下沉花园
7. 地下车库出入口

0 4 8　　20m

首层平面图

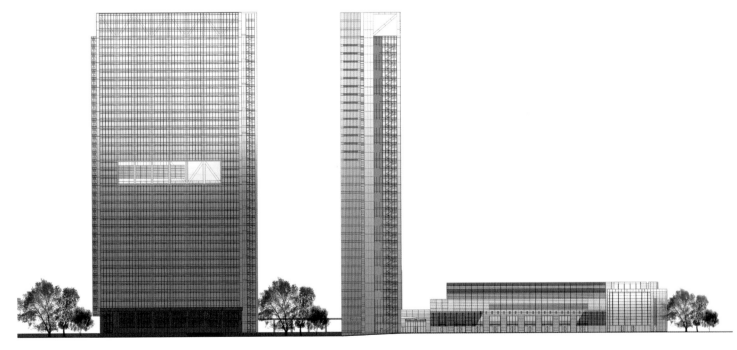

北塔楼立面　　　　　　　　　　　　　　　　西裙楼立面

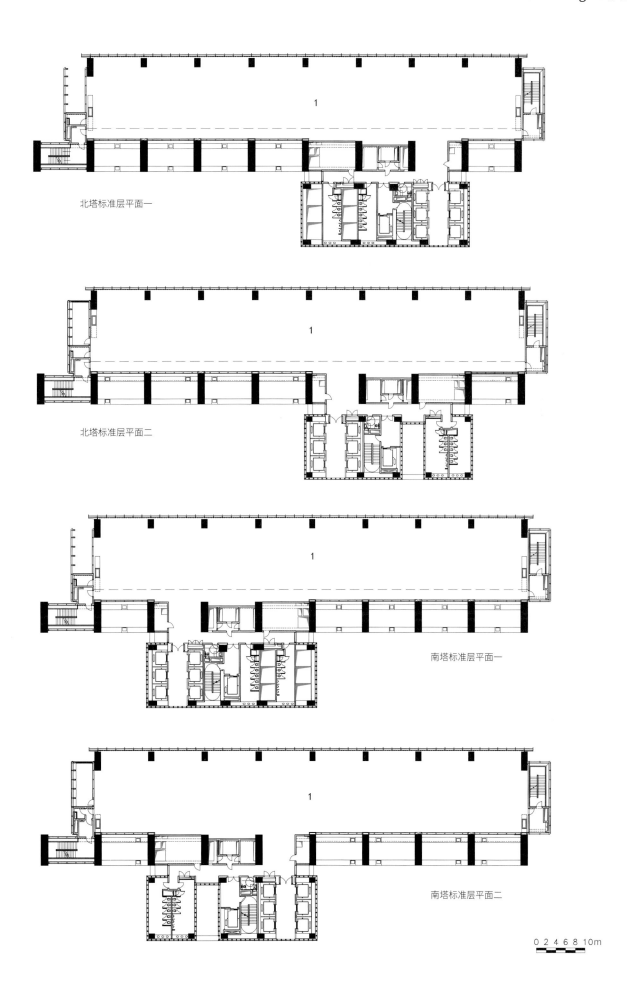

北塔标准层平面一

北塔标准层平面二

南塔标准层平面一

南塔标准层平面二

0 2 4 6 8 10m

白天鹅宾馆更新改造
White Swan Hotel

建设地点：广州沙面
改造完成时间：2015 年 7 月
用地面积：3.41 万平方米
建筑面积：10.08 万平方米
建筑高度：98.35 米（地上 28 层、地下 1 层）
改造后客房数量：520 间

白天鹅宾馆位于广州市荔湾区沙面岛南侧，建设用地在广州历史文化保护区，由广州市设计院的佘畯南院士亲自主持设计，于 1983 年建成开业。

本次更新改造总投资额为 8.9 亿元。改造的重点为机电系统的全面升级、外立面整饰及围护结构的节能改造、室内装修改造等。改造的难点是需要在保护既有历史建筑整体风貌的原则上开展精细化设计与施工，使建筑可以顺应时代发展，体现高效节能与环保设计的理念。

整个更新改造的总体设计原则为：一是复核完善结构和消防系统，确保其安全、消除隐患；二是改造须建立在对建筑现状充分调研、全面分析的基础上；三是室内装修应充分尊重既有典型空间和装饰中的岭南风韵，实现岭南园林与岭南建筑相结合的岭南建筑文化的传承和发扬；四是土建、机电工程和装修工程全面统筹高度协同；五是外立面以修缮为主，局部结合整体风貌进行更新改建；六是全面合理控制机电设备系统的能耗水平。

改造后的白天鹅宾馆既延续和传承三十年经典元素，又创新融合现代元素，保留了岭南园林景观"故乡水"，更新了酒店设施、客房和餐厅。

项目充分采用多种绿色先进技术，实现全年能耗降低超过 35%，能源费用降低约 1700 万元。宾馆单位面积年综合能耗远低于《民用建筑能耗标准》GB/T 51161—2016 的引导值，节能水平远优于本地区新建五星级宾馆，展现建筑时代价值与节能改造的示范意义。

设计团队：

广州市设计院

主要设计人员：

马震聪、吴树甜、沈微、屈国伦、靳志强、谭海阳、黄伶俐、周名嘉、何恒钊、门汉光、蒙卫、丰汉军、江慧妍、吴剑梅、韦秀堂、易丽敏

重要获奖：

G20 国际最佳节能技术和最佳节能实践（双十佳）

中国公共建筑节能最佳实践案例

全国优秀工程勘察设计行业奖
绿色建筑二等奖

全国绿色建筑创新奖三等奖

广东省优秀工程勘察设计奖
装饰设计一等奖 | 绿色建筑二等奖

广东省科技创新专项二等奖

广州粤剧院
Guangzhou Cantonese Opera Theater

建设地点：广州珠江新城
建成时间：建设中
用地面积：6839 平方米
建筑面积：40875 平方米
建筑高度：90.2 米（地上 16 层、地下 3 层）
总座位数：2380 座
建筑高度：82.1 米

广州粤剧院用地临近珠江公园，处于黄埔大道西以南，海安路以北，马场路以西，海业路以东，西邻红线女艺术中心。以"凤冠霞帔、游龙戏凤、水袖流苏、南国红豆"为设计理念，通过形体和立面的变化来呈现粤剧文化特色。结合红线女艺术中心进行一体化设计，并在三层通过连廊连通，配备具有表演、排练、展示等综合性的戏曲剧院、粤剧培训传承和艺术交流中心，实现观演、展览交流资源配置共享。总体规划中，在靠近红线女艺术中心的西南角进行退让，与红线女艺术中心共同围合出一个公共性的粤剧广场。其拱形入口门厅与红线女艺术中心共同形成统一的语言形式，连成一副完整的文脉画卷。景观进行统一规划设计，采用曲线肌理与红线女艺术中心相呼应。

建筑形体上，裙楼采用曲面造型，既现代大气，又延续了红线女艺术中心舒卷开合的造型元素，与之呼应。裙楼形体也向地段逐渐收缩，尽量减轻对红线女艺术中心和粤剧广场的压迫。立面设计上，以飘逸的曲线同红线女艺术中心进行对话。立面表皮肌理利用垂直幕墙龙骨进行了有韵律的序列划分，隐喻粤剧戏曲的婉转优美，暗合了红线女艺术中心从戏曲韵律出发的形体设计构成。裙楼立面在材料商部分采用米色的金属板，与红线女艺术中心米色的外墙在色彩上达到和谐统一。使用功能上，以展示性的连廊将粤剧院与红线女艺术中心的展览空间连接起来，打造一体化"粤剧博物馆"，在功能上将粤剧院与红线女艺术中心贯通起来，让市民在看剧之余还能畅游"粤剧博物馆"，感受粤剧的深厚文化。

粤剧是岭南文化的代表之一，2009 年被联合国批准列入《人类非物质文化遗产代表作名录》。广州粤剧院与毗邻的红线女艺术中心一道，承担起传承和振兴粤剧文化艺术的重任。

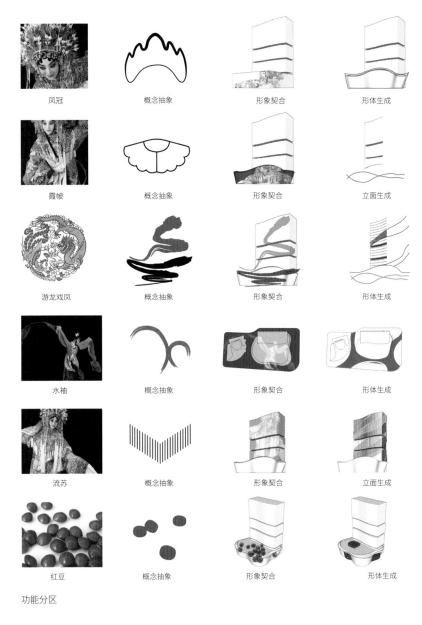

凤冠　概念抽象　形象契合　形体生成
霞帔　概念抽象　形象契合　立面生成
游龙戏凤　概念抽象　形象契合　形体生成
水袖　概念抽象　形象契合　形体生成
流苏　概念抽象　形象契合　立面生成
红豆　概念抽象　形象契合　形体生成
功能分区

设计团队：广州市设计院

主要设计人员：马震聪、白帆、万志勇、钟慧华、余楚江、常煜、杨涛、黄小琴、高术森、赖海灵、熊伟、线永佳、林心关、陈宗香、石国飞、朱乃伟、陈满溶、谭继显、程扬阳、鹿偲琳

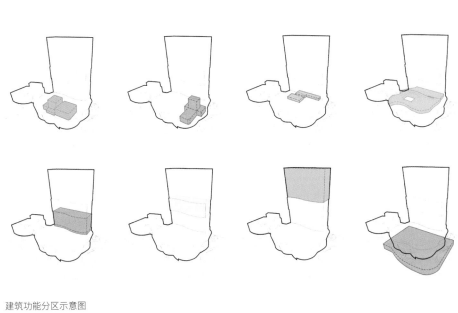

建筑功能分区示意图

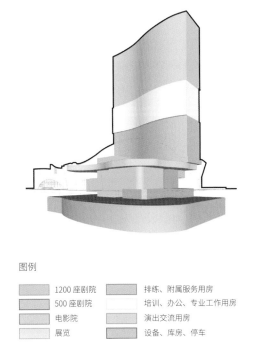

图例

▨	1200 座剧院	▨	排练、附属服务用房
▨	500 座剧院		培训、办公、专业工作用房
▨	电影院		演出交流用房
	展览	▨	设备、库房、停车

大剧院—红豆厅　　　　　　　大剧院—红豆厅　　　　　　　小剧院—红船厅

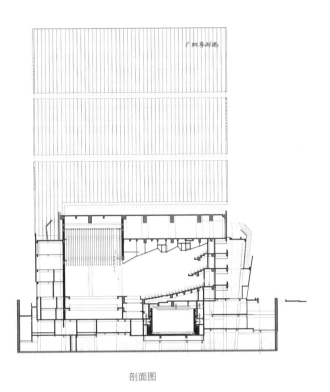

剖面图

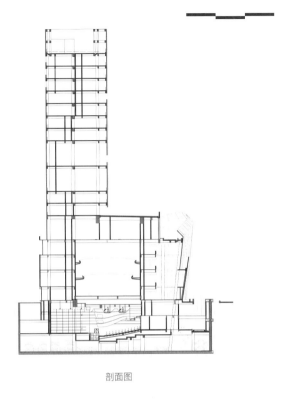

剖面图

1. 红线女艺术中心
2. 公共连廊
3. 粤剧广场
4. 主入口
5. 地下庭院
6. 裙楼
7. 塔楼
8. 地下车库入口

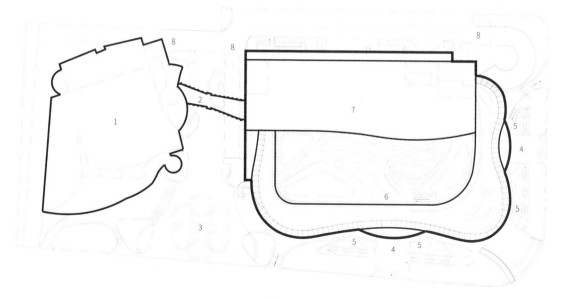

总平面

十字门中央商务区会展商务组团
Exhibition Business Group of Shizimen CBD

十字门中央商务区会展商务组团位于珠海市香洲区湾仔，南湾大道东南侧，东面与澳门隔海相望。一期总用地面积约 20 万平方米，包括展览中心、喜来登酒店、酒店式公寓、商业绸带、会议中心及珠海中心。

珠海十字门会展商务组团一期

珠海中心
Zhuhai Center Tower

建设地点：珠海市横琴区
建成时间：2018 年 1 月
建筑面积：14.51 万平方米
建筑高度：330 米（地上 65 层、地下 2 层）

珠海中心位于珠海十字门中央商务区，与澳门观光塔隔江相望，建成时为珠海最高超高层建筑。1~34 层为国际标准甲级写字楼，拥有 270° 全海景的开阔视野，37~65 层是国际白金五星级酒店瑞吉酒店，设有 250 间豪华客房及套房。珠海中心的建成，极大促进了珠海国际宜居城市建设、珠海"三高一特"产业发展和横琴自贸区建设。

建筑平面以核心筒为中心，将大空间办公楼或酒店客房环绕设置于外圈三角形平面，平面随着楼层的升高逐层递收，并在塔楼中部扭转平面角度，通过双曲面玻璃幕墙充分享受临海景观资源。扭转的塔楼形体从不同的方向上看，会呈现出不同的形态，极富动感及活力。室内嵌入景观庭院，37 层酒店空中大堂，39~60 层嵌入内部贯通的中庭空间，63 层设计室外泳池庭院，以期达到内外交融的空间效果。

异形柱、核心筒、抗强台风和抗震结构设计。设置 12 根沿立面微曲率变化的外框斜柱，核心筒设斜墙段，实现筒体收进，并保证竖向力传递的连续性。于 35 层（层高 10 米）设置 X 方向伸臂桁架，并在上下弦对应平面沿墙体设置水平钢梁

贯通核心筒，对应剪力墙内设置斜撑，形成封闭传力体系，满足 100 年风及中震作用下弹性状态的性能目标要求。

本项目按国际 LEED 金级和国家绿色建筑二星级标准设计，采取了一系列节能、节水、节材、节地等绿色建筑技术，带来显著的经济效益、环境效益以及示范宣传效应。

设计团队：

广州市设计院、罗麦庄马香港有限公司、广州容柏生建筑结构设计事务所

主要设计人员：

马震聪、赵松林、高东、吴亭、周名嘉、柳巍、李盛勇、陈永平、肖飞、曾庆钱、张建新、张剑、陈颖、江慧妍、肖浩楠、彭英桃、何俊裕

重要获奖：

广东省优秀工程勘察设计奖二等奖

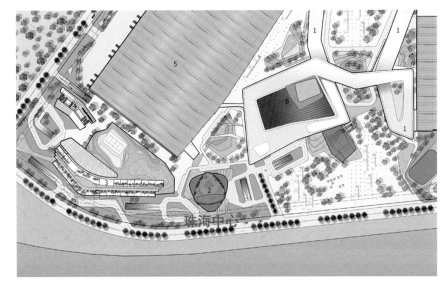

1. 珠海十字门城市绸带
2. 珠海中心
3. 珠海华发喜来登酒店
4. 珠海华发会展行政公寓
5. 珠海国际会展中心
6. 珠海华发中演大剧院

珠海十字门会展商务组团一期

珠海国际会展中心
Zhuhai International Convention and Exhibition Center

建设地点： 珠海横琴
建成时间： 2015 年 5 月
建筑面积： 20 万平方米

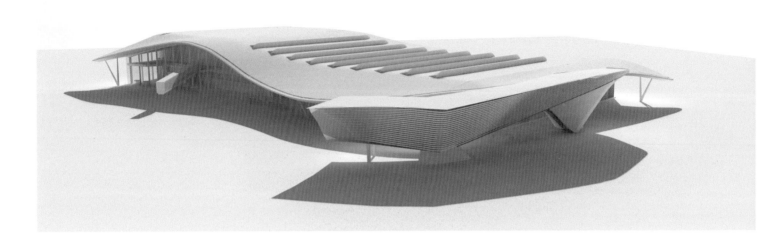

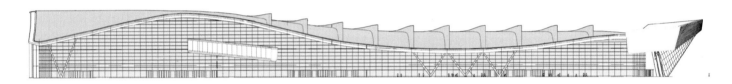

立面图

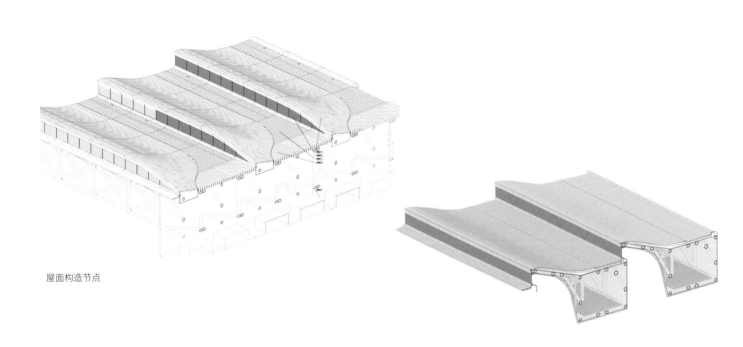

屋面构造节点

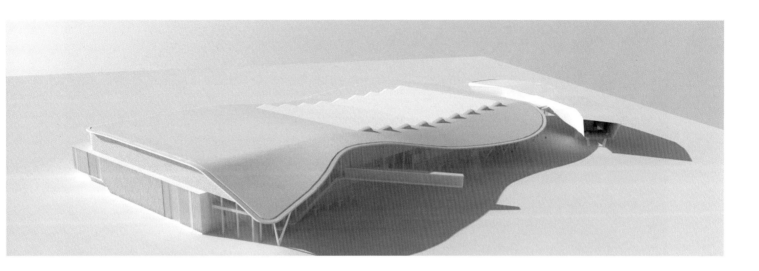

珠海国际会展中心是珠三角功能最完善、配套最齐全、设施最先进的专业场馆之一，集展览、会议、酒店、剧院、音乐厅、甲级写字楼及配套商业于一体，成为珠海城市和产业转型升级的重要支撑。会议中心设有 4500 平方米无柱大宴会厅、2000 平方米多功能厅、1200 座剧院厅、800 座音乐厅及 35 个设施先进的会议室；展览中心一期净展览面积 33000 平方米，6 大展厅共可提供 1600 个国际标准展位。

设计灵感来源于海上的贝壳。建筑屋顶为双曲面造型、高低错落。波浪造型与条带状的采光天窗，形成动感的流线造型，酷似贝壳的一条条纹路。建筑平面近似长方形，其中长边长度约为 300 米，短边长度约为 150 米，交通设计考虑人车分流、后勤流线与公众流线分开等原则进行设计。

展览中心屋面采用大面积大跨度直立锁边压型钢板，较好解决曲面屋面的造型问题。通过天窗、百叶、钢板等不同材料的对比融合，体现高档、美观而又具有时代特色的建筑特点。外立面主要采用半单元式铝框幕墙连钢背板，建筑两侧的后退玻璃入口是由钢支撑的玻璃窗墙，设计意向为明框透明玻璃墙，令大堂发挥最大限度通透感。部分外墙采用金属竖向遮阳板，解决采光及通风与遮阳的双重要求，通过阳光照射后达到阴影婆娑、韵律有致的立面效果。

项目成功解决超大空间的防火分区划分、超大空间的疏散距离超出规范要求、双曲面屋面的设计和定位、超高净高要求的大巴落客区和停靠位、展览地面机电一体化地沟系统等一系列非常规设计难题。

设计团队：

广州市设计院、罗麦庄马香港有限公司、广州容柏生建筑结构设计事务所

主要设计人员：

马震聪、高东、伍泽礼、李盛勇、陈永平、郑峰、曾庆钱、张建新、朱峰、廖耘、黄斯权、罗杰、彭少棠、陈晓航、刘奂

重要获奖：

全国优秀工程勘察设计行业奖
建筑设计二等奖｜电气三等奖

广东省优秀工程勘察设计奖
建筑设计二等奖｜电气二等奖

珠海十字门城市绸带
Zhuhai Shizimen Urban Ribbon

建设地点：珠海横琴
建成时间：2015 年 5 月
用地面积： 20.33 万平方米
建筑面积： 9.17 万平方米

城市绸带作为会展组团中的商业配套，由一条"艺术绸带状"建筑，将会议、会展、滨海休闲街与城市商务区、大众交通枢纽、电车站台连接起来，服务于整个横琴片区的消费者，尤其是粤港澳的高端消费者。

设有一系列公共设施，包括餐饮、商业及文化设施，不断地为主广场和花园区注入活力。以流线形的 "城市绸带" 为设计概念，将舞动的丝带融入空间设计之中，飘逸灵动、强调互动性和连接度，将滨水区和整座城市连接起来，使其真正成为与民众互动的地标性建筑。

建筑表皮为不规则的曲线，创造出具有流线形的建筑形体，体量感与雕塑感十足；建筑物贯穿场地东西，景观设计将水景结合于建筑周边以及室内空间之中，有利于创造内外交融的空间意向，既活跃景观氛围，又极好衬托建筑的体量与质感。结构创新采用拓扑分析等新技术、配重抗倾覆等措施，完美实现建筑里面超高要求。A 区端头局部采用预应力拉膜体系，为一个门造型，具有较强的视觉冲击力。

以"展现自然 回归自然"的可持续性建筑理念为出发点，充分采用自然光、雨水回收、双层幕墙等生态节能技术措施。

设计团队：

广州市设计院、罗麦庄马香港有限公司、
广州容柏生建筑结构设计事务所

主要设计人员：

马震聪、高东、聂珺、廖耘、曹春华、梁勇、
黄楚凡、曾庆钱、张建新、李华荣、施俊、
欧阳长文、傅东东、邝晓梅、邓易路

重要获奖：

广州市优秀工程勘察设计奖建筑设计一等奖

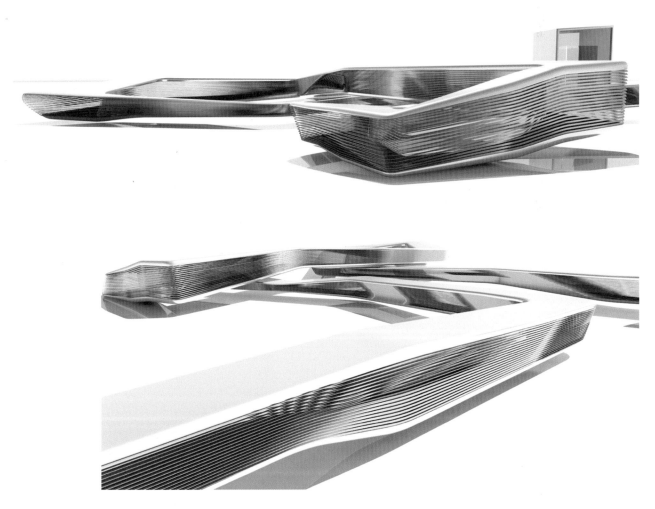

珠海十字门城市绸带模型

珠海十字门会展商务组团一期

珠海华发喜来登酒店
Sheraton Zhuhai Hotel

建设地点： 珠海横琴
建成时间： 2015 年 12 月
建筑面积： 10.62 万平方米
客房数量： 550 间

建筑平面为贴合迎海面的弧形带状布置方式，南北两侧为结构、交通及设备用房构成的核心筒。南北两端由 12 层开始逐渐收缩，从而创造出类梯形的建筑形体，强化了建筑的体量感与雕塑感。核心筒南北两侧客房分两边布置，靠东面的客房直面大海、靠西面的客房面对辽阔的园区，均可通过通透的外玻璃幕墙充分享受周围的景观资源。在客房外设置的外阳台，平面也采用连续的弧形设计，上下层错落有致，一方面呼应了塔楼的平面形式，另一方面衬托出海边建筑的独有特色。

建筑立面设计采用极具现代气息的铝合金玻璃幕墙，一方面为室内空间形成良好的景观视野；另一方面铝合金玻璃幕墙所营造的轻盈通透之感又极好地与周边建筑达到了统一，更进一步衬托了建筑群体的效果。

超豪华的中式酒店大堂空间成为项目最大特色。将现代浪漫的韵律凝固在建筑中，打造亚洲最大的中国皇家古建筑与园林元素结合的酒店大堂，亭台楼榭、黛瓦灰砖、翠竹流水、叠石花影。建筑造型复杂，大跨空间要求高，大堂横跨约 40 米，上部为 18 层的酒店建筑，暂为国内最大跨度的重载转换案例。结构上通过多方案的论证、比较，创新地采用空间钢结构箱型桁架转换方案，巧妙地利用箱型桁架下吊一层酒店自助餐厅，超出预期地实现了建筑的造型效果以及建筑空间要求。

设计团队：

广州市设计院、罗麦庄马香港有限公司、
广州容柏生建筑结构设计事务所

主要设计人员：

马震聪、高东、郭桂钦、吴博冠、戴歆、陈颖、
梁勇、郑峰、曾庆钱、张建新、隋晓、施俊、
邝晓媚、陈少玲、彭英桃

重要获奖：

国家优质工程奖

中国建筑学会建筑设计奖｜电气三等奖

广东省优秀工程勘察设计奖｜建筑设计三等奖

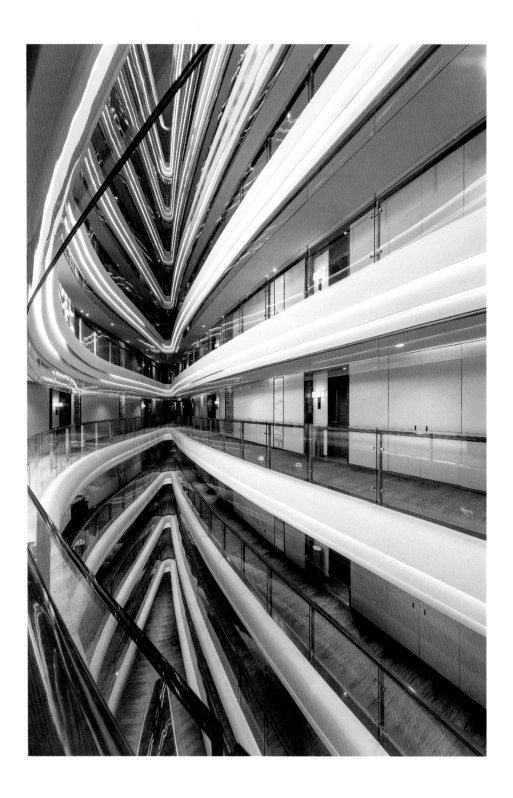

中国科学院
强流重离子加速器装置
Chinese Academy of Sciences, HIAF

建设地点：广东惠东县
建成时间：在建
总用地面积：59.4 万平方米
建筑面积：8.11 万平方米

强流重离子加速器（High Intensity Heavy-ion Accelerator Facility，HIAF）是国家"十二五"规划的 16 项重大科技基础设施建设之一，属于国家大科学装置。项目位于广东省惠州市惠东县黄埠镇东头村附近红海边，南侧为另一大科学装置 CiADS，西侧为两装置公用配套区。项目设计范围为 HIAF 及两装置配套区，主要功能为科研研究用房、设备用房，地下加速器隧道及配套办公、后勤用房。

尊重场地自然环境，合理规划 HIAF 区及 CiADS 区功能布局及联系，项目设计概念为"依山傍海、有凤来仪"。"依山傍海"是指方案充分考虑建设基地地形和周边环境，使建筑与环境相协调，尽量利用周边的自然景观等资源。"有凤来仪"是指设计从项目的规划结构方面，加强了 HIAF 区和 CiADS 区及入口区之间的关系，形成了"一横一纵"两条轴线，使得两个园区就像凤凰的两只翅膀，带动项目腾飞，也寓意通过项目的建设，可以像凤凰筑巢般引得科学家团队和科技成果纷至沓来。

单体设计方面注重结合各部分建筑功能需求、形象需求和科技属性等进行设计。其中，"科学之门"（入口对外服务中心）设计注重入口标志性打造，展示园区前沿高端的科技形象，强调建筑空间和园林空间的相互渗透和融合；"探索之碟"（动力中心）通过对离子运动轨迹，提取出螺旋变化的三角弧线结合飞碟造型设计，并与地下加速器隧道轮廓高度契合，设计强调科技感、科幻感和未来感来强化标志性；"观海寓所"（科学家公寓）充分利用地形，最大化利用海景景观朝向，通过岭南建筑手法打造舒适、自然、多样化的居住环境。

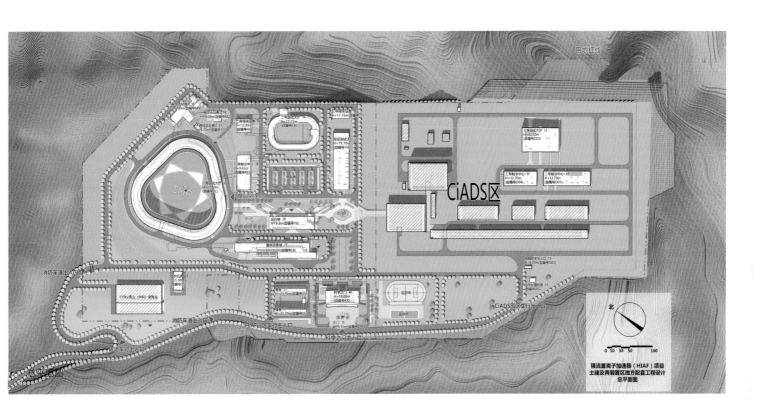

强流重离子加速器（HIAF）项目
土建及两装置区地方配套工程设计
总平面图

设计团队：

广州市设计院

主要设计人员：

马震聪、朱乃伟、袁作春、雷江帆、谭莉、高迎春、何远、
曾纯亮、陈永平、邹军、李觐、欧阳长文、傅东东、张博、
肖飞、陈素茵、张灿辉、周茁、熊学祥、陈舒婷

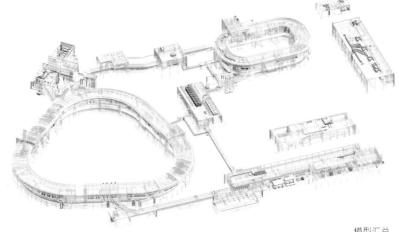

模型汇总

湖南省政府新机关院办公区
New Office Compound of Hunan Province Government

建设地点：长沙市天心区
建成时间：2004 年 9 月
用地面积：29.72 万 平方米
建筑面积：8.6 万 平方米

湖南省新机关院办公区是由 1 座主办公楼和 4 座附楼组成的建筑群，建筑群北靠山南面水，生态环境十分优越。办公区的各建筑单体沿着南面 7 万多平方米的"水广场"一字排开，连绵达 500 米，气势宏大，颇具个性。办公区建筑以方形为母题，采用"院落"的组织方式，由两层的连廊形成统一界面，追求生态景观的渗透，"山"与"水"的对话，体现出强烈的生态办公特点。

主办公楼设于新机关院的中轴线上，是新机关院的中心，它代表了整个办公区的形象。外轮廓是一个 112 米 ×112 米的正方形，办公用房分成 4 组，由圆形中庭成"×"形展开，形成整体建筑方形屋盖的 4 个基座。各组办公用房通过中庭周边的圆形走廊联成整体，各部分用房既分又合，使用和管理都十分便捷。

主办公楼的内部空间丰富而外部形象则十分简洁大方，各向立面采用对称设计，巨大的"门"形造型以干挂石为饰面，气势恢宏、端庄、刚劲，

南向主立面还设有 8 根直径 2 米、高 27 米的巨柱，配合层层内收的檐口，加上采用以芙蓉花为主题的浅浮雕干挂石装饰的檐口板，整个建筑粗犷大气又不乏细部，并带有强烈的政府办公建筑风格，体现出令人震撼的空间效果。

办公区附楼以对称的形式设于主办公楼的两侧，对主办公楼起到了很好的衬托作用。附楼南低北高，充分考虑对南面水景的利用，追求"山"与"水"的交流。附楼的建筑单体以方形为母题，通过庭院组织空间，结合带绿化平台的连廊，形成别致的生态办公空间。附楼的造型简约朴实，南面以两层高的柱廊形成与主办公楼取得统一，空间效果通透、大方、引景入室。附楼单体之间连廊的中部设有突起的节点，节点的造型采用主办公楼的元素，增加了整个建筑群南向立面的节奏感和韵律感。整个办公区建筑主次分明，结构清晰，造型风格统一，主、附楼之间丝丝相扣、互相衬托，形成不可分割的整体。

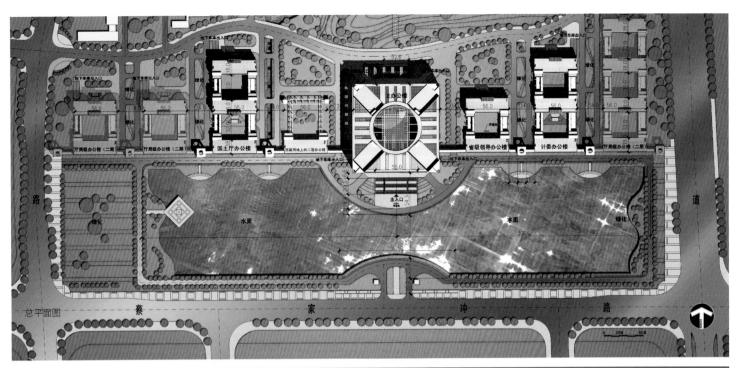

设计团队：

广州市设计院

主要设计人员：

马震聪、林少斌、陈红榕、陆勇、

陈洪伟、高东、卓瑜、梁勇、何镇南、李觐、

潘文蔚、郑宇明、肖飞、刘程辉、邹颖嘉

重要获奖：

全国优秀工程勘察设计奖三等奖

中国建筑学会建筑设备（给水排水）优秀奖

广东省优秀工程勘察设计奖一等奖

湖南省人民会堂
People's Hall of Hunan Province

建设地点：长沙市天心区
建成时间：2010 年 12 月
用地面积：6.63 万平方米
建筑面积：2.72 万平方米
总座位数：观众厅 1840 席、主席台 200 席

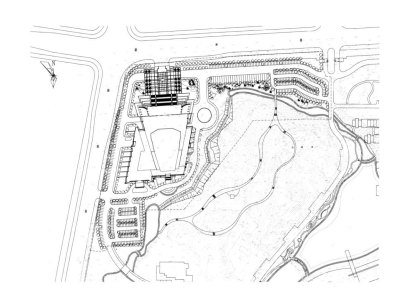

0 10 20 30 40 50m

总平面图

湖南省人民会堂建筑布局上通过对一个 104°交角的平行四边形进行切割、错位，分解成一大一小两个等腰梯形，围绕着这两个等腰梯形组织空间，形成一主一副两条轴线。大等腰梯形——主体建筑正对北面主干道韶洲路，向南面退让形成一个较大尺度的入口礼仪广场，使得建筑形象正气威严，空间饱满。小等腰梯形——附属建筑正面朝南，一条斜边和新姚路平行。巧妙的建筑布局既考虑了传统行政建筑的南北向定位，也有机地处理好建筑和两条道路之间的界面关系。

建筑功能主要分成两个部分，主体部分和附属部分。主体部分主要为一个 1800 多座的会堂及相应的休息厅等功能，附属部分由若干小会议室、贵宾休息室等功能组成。按照这两部分功能分区，在建筑造型上处理成一大一小两个等腰梯形，分别容纳这两部分功能。从造型到平面设计上都进行了合理的功能分区，建筑功能与建筑体型、建筑空间融合在一起。

人民会堂是人民行使国家权力、参政议政的中心，决定了建筑一定给人以雄伟庄严、气派豪迈之感。建筑以"等腰梯形"几何元素为设计母题，通过简洁、清晰的体块组合，干净利落，体现出建筑的鲜明个性。坚实的体量，棱角分明的线条，体现了建筑的硬朗与挺拔。材质的虚实对比，稳重的比例尺度，突显建筑的质朴与厚重。现代的建筑语言充分展示出人民会堂的雄伟庄严，而又不失亲和力和时代感。

从中国传统建筑中提炼出细部元素，柱廊、枋、基座、檐口在方案设计中成为现代的建筑语言。

会堂主入口灰空间以片墙、大台阶、门廊为设计元素，塑造出一个层层叠叠，渐渐推进的空间，犹如一个缓缓打开的舞台序幕。屋顶正立面增加两级形成檐口。檐口细部的处理，使建筑更显亲民性。相应的，东西两侧的实墙也进行了细部处理，顶部和底部墙面缩进，采用和主墙面同材料但不同质感，顶部加强了檐口出挑的感觉，底部使建筑有了一个稳重的基座。两片实墙上以芙蓉花为主题的浅浮雕，突出了湖南特色。建筑细部传统语言的现代演绎，赋予了会堂建筑传统文化的内涵，又散发着现代的气息。

湖南省人民会堂建成后成为湖南省的标志性建筑，能满足湖南省召开"两会"等重要会议及一般综艺演出功能要求，创造出一个高品位、高功能、别具一格的城市公共空间。

设计团队：

广州市设计院

主要设计人员：

马震聪、陆勇、陈志忠、彭水力、梁勇、胡毅、叶嘉明、戴歆、陈安君、郑宇明、李福安、刘海军、卓瑜、熊伟、张剑

重要获奖：

全国优秀工程勘察设计行业奖
建筑设计二等奖｜智能化二等奖

中国建筑学会建筑创作佳作奖

广东省优秀工程勘察设计奖
建筑设计二等奖｜智能化二等奖

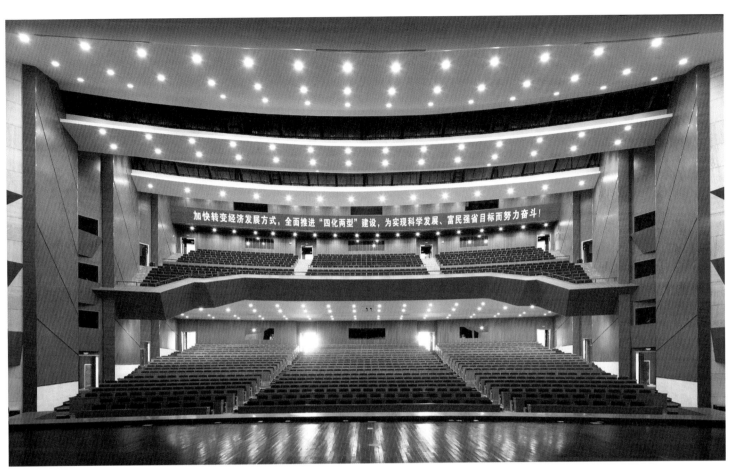

正佳广场
Grandview Mall

建设地点：广州市天河路
建成时间：2005 年 1 月
用地面积：5.41 万平方米
建筑面积：28.63 万平方米

正佳广场位于广州市城市中轴线 CBD 天河商圈核心位置，是集零售、休闲、娱乐、餐饮、会展、康体、旅游及商务于一体的大型体验式旅游购物中心。

建筑设计力求在现代化商业建筑中反映出中国传统特色。外立面红色配合绿色为主调，部分立面还运用大面积金色，这些都是中国古建筑物最具代表的色彩；而位于建筑物各主入口侧醒目位置的圆形、方形玻璃筒，则是设计师引入的"灯笼"概念，使得厚实的外形无论在白天或是黑夜，入口都突出易见。中国传统折纸灯笼的"褶皱"造型，运用在大片的银色铝板立面上，使得原本封闭的立面顿生趣味；正佳广场外立面处理得稳重端庄，而内部却是在天幕下热闹而丰富的大型公共空间，是对中国城市市民生活空间的演绎。空间处理上再现极富人情味的旧广州城地方风情意象：榕荫的大街、曲折的小巷以及临街的骑楼。

建筑设计旨在为顾客提供节日气氛浓郁、亲切宜人、色彩缤纷的环境，使他们心情愉快地购物、用餐及娱乐。宽阔的中庭广场在天幕提供的自然采光下成为全场的中心。顾客在连续渐进的室内街道公共空间中行走，空间导向明确，且对紧急状态下的疏散非常有利。

在中庭里，人们可以看到大型的构架和表演平台，随着楼层的增加，中庭逐渐扩大，在五楼以上不仅可以俯瞰下面四层购物街的情景，还可以感受家庭娱乐购物广场的欢乐气氛。覆盖着所有中庭、街道的"巨型天幕"，将不同特色的空间统一起来。中庭内有着丰富的景观，富有戏剧性的灯光和色彩鲜艳的标示，处处洋溢着浓厚的商业气氛。

正佳广场是中西文化的融合，不只是从单纯商业角度出发，更要为市民创造一种都市文化体验的场所。这是一个室内化的城市空间，把广场、街道和各种功能空间归入一个多层次的共享天幕之下，成为城市多元生活的综合体现。

设计团队：

广州市设计院、Jerde Partnership International, INC.

主要设计人员：

马震聪、杨焰文、杨汉伦、何健汉、黄一丹、幸琼华、何镇南、屈国伦、甘剑雄、邹颖嘉、石晓蕊、梁勇、胡毅、曾庆钱、卢海刚、李黎明、刘敏

重要获奖：

全国优秀工程勘察设计行业奖
建筑设计三等奖

广东省优秀工程勘察设计奖
建筑设计一等奖

广州白云机场铂尔曼大酒店
Pullman Guangzhou Baiyun Airport Hotel

建设地点：广州白云机场
建成时间：2007 年 1 月
用地面积：5.94 万平方米
建筑面积：5.88 万平方米
客房数：488 间

铂尔曼大酒店（原诺富特白云机场大酒店）作为广州新白云机场航站区的重要公共建筑，其标志性作用仅次于航站楼，设计对街景空间的组织和与大环境的协调显得尤为重要。

总体造型手法以简洁为主，同时加强横向线条的处理，将 300 米长的主立面连为一体；采用富于现代感的弧形大屋顶作为天面收口处理，从而与周围的航站楼及航管楼等建筑群协调一致；航站楼之间通过停车楼作为过渡空间，而停车楼的屋面花园也成为航站楼和酒店用房共享的"后花园"。

在建筑的用料和细部处理上注意与航站楼呼应，主要外立面运用部分铝板和蓝色玻璃等现代材料，大堂空间采用点式玻璃幕墙、大跨度玻璃采光天棚等现代设计手法。

由于整个机场区色彩较为统一和淡雅，酒店也延用同样的手法，以明快淡雅的色彩作为主色系，采用银灰、淡蓝作为建筑物的主调，适当配合一些深灰色和暖灰色，使酒店的外观色调也与航站楼相协调。

设计团队：

广州市设计院

主要设计人员：

马震聪、陆勇、孙志坚、龚静华、胡毅、陈永平、曾庆钱、杨穗红、黄飞鹏、罗杰、甘兆麟、叶嘉明、许英贤、李黎明、梁勇

重要获奖：

全国优秀工程勘察设计行业奖
建筑设计二等奖

广东省优秀工程勘察设计奖
建筑设计一等奖

主题公园

我国正处于工业化、城镇化的高速发展阶段，生态文明建设要与经济增长同步发展，化解人口资源与环境之间的矛盾，解决安居、乐业与娱乐、休闲设施之间的矛盾，丰富城市生活的内涵，大型游乐项目及其配套设施、酒店正是在此大背景下应运而生。

在 2010 年初，受广东长隆集团的委托，广州市设计院承接了珠海长隆海洋王国项目。主题公园项目包括：展览＋表演＋游乐＋餐饮＋购物，是非常复杂而庞大的建筑工程。主题公园设计对于我们来说是一个全新的领域，设计语言和表达方法与常规的建筑设计完全不同，不同之处不仅是主题创意，还涉及动物饲养、维生系统、内外包装和游乐设备等以前接触不多的专业，同时在 50 多公顷用地上，超百座不同特色的建筑，对建筑师来说是很大的考验，挑战了建筑师的学习、组织、协调等综合能力。好在不负众望，这个难关被攻克了，这个项目在 2014 年建成，第一年就取得了年游客量达到 500 万的好成绩。

由于得到长隆集团业主的肯定，广州市设计院后续还设计了非常多的主题公园方面的项目，像长隆集团的珠海长隆横琴湾酒店、企鹅酒店、国际马戏城、熊猫酒店、大鱼馆、清远长隆项目等。这些主题公园不仅在国内甚至在全球都产生了重要的影响。像珠海长隆海洋王国就获得了 TEA 全球主题娱乐协会 2014 年度唯一"主题公园杰出成就奖"，这个奖旨在表彰在全世界范围内的主题娱乐设计项目为游客创造的优秀而又非凡体验，被誉为该行业的"奥斯卡"大奖，这也是我国首次获得这一代表当今世界主体公园最高荣誉的桂冠。

对于新领域的开拓与创新，在实现的过程中往往很困难甚至很痛苦。但是只要你能克服且坚持下来，就会打开了一个新领域，这在建筑市场竞争激烈的环境下尤为重要。所以从某种意义上来讲，这也是我建筑师职业生涯中非常重要的一个节点。

Theme Parks

一、主题公园概述

主题公园是根据设定的主题，采用现代科技手段和活动设置方式营造的旅游场所，集娱乐活动、休闲要素和服务接待设施于一体的现代旅游目的地，是承载城市休闲文化的典型空间，也是区域文化旅游发展水平的重要标志。

提起主题公园，不得不提到世界两大著名品牌——迪士尼和环球影城。所以在设计之前，我们也去国内外考察了非常多的主题公园，像美国的奥兰多迪士尼世界、新加坡的环球影城，日本的富士极乐园，香港的迪士尼等。通过专业考察，我们不仅开阔了视野，学习了积攒了非常多宝贵的经验，也搜集了资料。

迪士尼主题公园的模式是将卡通人物与主题公园结合在一起，把游客带入到卡通电影里的人物角色中，使游客建立"公园 — 卡通 — 迪士尼"的品牌关联。而环球影城则立足于自己好莱坞影视公司的特点，不像迪士尼是充斥着梦想和卡通幻想世界，他们打造的是电影真实场景的"体验 + 游乐场"项目模式。

我国主题公园的发展经历了三个阶段。第一个阶段是 20 世纪 80 年代中期以前，以兴建包含娱乐、观光设备的游乐场为主，如广东中山市兴建的长江乐园。第二个阶段始于 20 世纪 80 年代末期，以仿古文化、民族文化、世界文化为主，其中最有代表性的是深圳的锦绣中华及其二期工程中国民族文化村。第三个阶段是 21 世纪前 10 年，也是主题公园发展飞速的阶段，出现了以打造自有品牌为目标的如长隆集团的欢乐世界、万达集团的万达旅游城等规模化和集团化特征的主题公园。

据相关部门不完全统计，全国包括建成营业、正在建设和已经停业的各类主题公园达 2500 多个，主要分布在长江三角洲、珠江三角洲等经济发达地区。然而仅有 10% 处于盈利状态，20% 仅维持一般运作，将近 80% 处于亏损状态，给国内旅游业造成经济损失高达 3000 亿元。概括起来国内的主题公园主要存在以下三大问题：

地域文化严重缺乏

国内众多以科幻主题为噱头的主题公园，不仅投入了高昂的资金，也耗费了大量自然环境资源，但因仅仅以技术技巧为支撑，没有与地域文化紧密结合，人们的新奇感一过，技术设备又不能及时更新，较难获得消费者在文化上的认同，所以仅维持一两年许多项目就出现严重亏损，甚至倒闭的现象。

主题跟风严重，创新性缺失

大部分主题公园的主题选取依赖于对成功主题公园的参照模仿，跟风现象严重，自身个性创新力的缺乏导致竞争力的衰退，从而难以维持对游客的持续吸引，最终无法继续营业。

体验性项目单一

目前主题公园的项目设计体验以视觉体验和活动体验为主，对听觉、嗅觉、视觉、活动等多位一体的项目设计较少。

二、主题公园设计心得

营造梦幻氛围，提供快乐体验

使主题公园以一种梦幻的、超脱现实的形式让游客短暂地脱离现实，带给游客欢乐体验，满足游客多样化的休闲娱乐需求，并提供高品质、高标准的娱乐服务。

我是把主题公园这一类都统称为"快乐建筑"，为什么这样说呢？主题公园的核心是快乐体验。即为游客提供最好、最特别的娱乐体验，为游客生产快乐、提供快乐，把快乐变成商品销售到全国乃至世界。所以我把主题公园定位是世界上最快乐的地方，不仅是儿童的天堂，也是成人的游乐场所。特别是在当今社会，快节奏、高压力的大环境下，很多人都需要通过这种环境去释放一种压力，追求一些梦想，这也是建设主题公园的主要目的之一。

像美国奥兰多迪士尼世界不是一个主题公园，而是由很多的主题公园组成。在没有进入奥兰多迪士尼世界的主题公园时与其他城市没什么两样，但是在进入主题公园后，通过林荫大道和环境氛围铺垫，一下子就让人感觉脱离了现实，到另外一个世界。还有香港迪士尼，不知道你们对地铁迪士尼线有没有印象，香港地铁迪士尼线是全球唯一专为迪士尼主题公园而设的铁路专线，整个迪士尼列车设计简洁而现代化，车窗设计为米老鼠头的形状，车厢外部点缀金色彩带以及奇妙星粉图案。香港迪士尼站仿照 19 世纪维多利亚时代风格建造，当你步入迪士尼线，仿佛也穿越到一个童话世界。

在主题公园的设计中要特别注重这种快乐，梦幻，超现实氛围的营造，跟刚才提到的岭南建筑一样，不要只停留在建筑空间上面，除了地域气候、岭南文化这些三维、四维元素之外，在"快乐建筑"设计中还需要包含第五维就是故事范畴，比如说某个动画片，某个电影，某个童话等，把这些内容融入建筑里面，总之会更多维度地去考虑这个这类型的建筑。

打破固有范式，塑造品牌个性

打破传统设计的固有范式，采用夸张的创作表达方式，主题公园的建筑常用一些很鲜艳的颜色，渲染出一种具有冲击力的视觉效果，或者采用一些很具象动物形态，要创造一种超现实的本性。

在主题公园行业内有个词叫作"主题包装"，包括了外部造型的包装和内部环境的包装。包装和建筑中所讲的外立面设计和室内装修又有所区别。

具体的造型设计和色彩运用其实也是结合每个区域的主题去设计的。像珠海长隆海洋王国，每个主题区域给人的感受是不同的，比如在亚马逊河板块，主要采用绿色为主打色，打造一种南美洲那种热带雨林的感觉；在海洋板块，采用深海蓝为主打色，把人好像带入这个海洋的最深处，营造一种纯净安详的氛围；在北极板块，采用白色为主打色，瞬间可能给人感觉温度都降了几度。所以在整个主题公园的这种色彩运用，能够有效地引导游客的心理氛围。

说到造型设计又回到气质的话题，不同的主题公园也有不同的气质。比如珠海长隆海洋王国，采用了色彩碰撞的做法；清远长隆森林王国项目则是以一种自然的、野趣的方式去呈现的。长隆海洋科学馆的整个呈现，又采用了其他的手法，炫酷的外观形似飞船，流畅的线条充满科技感。

不同的呈现方式会给游客带来不同的惊喜和感受。这是从游客的角度来说的，那对于经营者来说，能把人吸引过来留下来，然后把这个场地运营好，则是他需要做的事情。

凸显经营理念，服务主题公园

主题酒店设计首先风格上要与公园的整体设计协调统一，突出主题性；其次在酒店的经营理念下，设计中私人空间如客房相对简洁，公共空间则更多元更新奇，交通上与主题公园的连接更加便利。

目前，随着旅游时代的到来，主题乐园已经成为国人节庆节日旅游玩乐的旅游目的地。与其相符配套的主题酒店随之诞生并发展迅速。例如，香港、上海迪士尼乐园主题，长隆海洋王国，长隆动物世界等。主题乐园的作用不仅仅是简单地把游客的身体带入乐园，而是从心理上和情感上将他们带入主题场景之中。颜色、标志和其他细节也是重要的，并且能够有效地引用其他乐园区域的主题和人物，使乐园感觉本身像一个微缩世界。酒店功能上要充分考虑到游人的需求，为客人提供多样化的选择。另外，主题酒店的装饰风格，不仅要外形美观梦幻，还要和主题环境融为一体，有深刻的文化主题内涵。最后，利用主题符号或图片装饰卫生间的洗漱餐具，这样能够有效地体现出主题酒店的特色。

主题公园酒店与风景区酒店、城市酒店在设计方法上有共性也有特性，共性是酒店的功能都一样，主要包括客房、公共空间和后勤服务区。特性是风景区酒店偏度假休闲，气质比较富丽堂皇；城市酒店偏快捷便利，气质偏简洁明快；而主题公园酒店偏娱乐休闲，气质梦幻、超脱。

城市酒店的空间主要是从使用角度出发，而主题酒店的空间不仅要满足使用要求，而且还要为酒店的主题文化和游客的需求服务，更多关注的是休闲和娱乐，故其空间特征主要表现在以下几方面。

作为主题公园的配套设施，首先设计要与公园的整体设计协调统一，突出快乐梦幻的氛围。

很多与公园主题相关的内容都需要植入进去，比如企鹅酒店是以帝企鹅为主题的度假型酒店。整体风格以海洋、极地、阳光为基调，企鹅雕塑、彩绘点缀在重要节点，让大体量建筑拥有丰富、精彩的立面效果，无论远观近看均有强烈的辨识性，卡通式的艳丽色彩得到众多家长与孩子的喜爱。当游客进入酒店后，迎接他们的是被海浪包裹的大堂，"方块鱼与企鹅"在墙面游玩嬉戏，天空变成海浪，巨型企鹅雕塑低头微笑欢迎您的到来。这一切为旅客营造欢乐的氛围与奇妙的海洋之旅。

而熊猫酒店是提取长隆三胞胎熊猫主题动画《爸爸去哪儿 2 之熊猫三胞胎童话次元大冒险》二次元主题，营造以"熊猫主题"动漫风格的休闲度假酒店，通过动漫场景的建筑元素的提取，结合动漫里面的"茶壶卡通车站""熊猫乐园""熊猫之家""集市小镇"等场景建筑元素的提取，表现游乐型酒店动漫特色的童话风格，梦幻多彩的空间。整个建筑外观设计中，熊猫造型的塔楼、动漫特色的屋顶造型、各种姿态的熊猫动漫雕塑等元素都是主题酒店给予游客独一无二童话式的欢乐感受，同时也契合了长隆游乐园区的建筑风格。

横琴湾酒店以丰富的海洋元素和独树一帜的海豚主题风格为主，整个酒店看起来将像一个由海洋生物启发的装饰奇特的宫殿。游客将会惊奇地看到海豚、海象、鱼类和其他海洋生物雕塑散布在酒店的正面，周围是海浪和沙滩格局。在宫殿的许多塔顶上有主题雕塑，给游客火和水元素的幻想。海洋主题从这里持续到酒店的内部。

其次在主题公园酒店的公共空间会更多更丰富，而客房则会相对简洁。这从经营的角度比较好理解，就是说开发商不希望客人待在客房里面，而是通过设计引导游客尽可能多地去到公共空间去娱乐、去休闲。这一点和风景区酒店的设计理念非常不同，风景区酒店是一种慢生活、慢节奏的感觉，而主题酒店则是一种紧凑、快捷的感觉。

设计中会尽可能地将客房和公共空间最大限度朝向主要景观区。所以在酒店里设计了很多的观景平台，为游客提供更大的视野范围和更好的欣赏景观的角度，方便游客能观赏到公园最精彩的一幕，像特色的园林景观、烟火表演等，把最舒适、最个性化、最奇幻的感受带给每一个游客。观景平台的形式可以根据需要随意变化，可以丰富建筑的立面层次、活跃建筑的第五立面，从总平面规划来说，加强了建筑与景观之间的联系。

除了观景平台，还设计了很多特色的餐厅，像在企鹅酒店里设计了由企鹅陪你吃饭的主题餐厅，整个餐厅设计不仅从装修布置、餐具设计中体现企鹅主题元素，还独创了养殖企鹅的企鹅庭院，庭院保持一个低温的状态，模拟极地生存的气候条件。企鹅在这空间中能体验冰山、海水、阳光。定时的喂食与表演吸引大量小孩观摩，让孩子在进餐的同时得到大自然带来的生态教育与兴趣培养。

再者，在客房设计中除了刚提到的布局更紧凑之外，类型也会更多元，造型也更卡通梦幻，像企鹅酒店的房型就有极地房、温带房、探险房、企鹅家庭房等。极地房，就像爱斯基摩人冰屋；温带房，以麦氏环企鹅为主题，设计优雅大方；探险房，以探秘为设计主旨，风格独特；企鹅家庭房则大胆采用黄色和绿色作为主调，寓意儿童活泼朝气地成长。而面积为 55 平方米的企鹅套房，处处都是可爱的企鹅形象，尽显童真和快乐。

最后在交通组织上，整个项目交通系统本着人车分流、内外分隔的原则，行车流线均在用地北侧解决，酒店内部至东侧、南侧商业街及西侧乐园均实现无车设计，只预留必要的消防车道。外来客人车辆经北侧主入口进入各个大堂后，可进去地下车库或地面停车场，而不穿越整个酒店内部。步行系统无缝连接，连廊、院落、半室外休息场地、架空层、梯级等构成步行系统不同的空间形态，做到步移景异。酒店客人可以通过大堂西侧室外平台上的连廊直接通向海洋王国，也可以通过大堂南侧的跌级庭院通往地下一层临街的商业街，到达各个区域均风雨无阻，无缝连接。酒店内部人流高效合理，办公后勤配套区包含酒店的后勤货流、行政办公等，设在基地西北面地下一层，紧挨海洋王国后勤通道，有利于连接各个客房，从而减少对酒店主体的干扰，形成功能分区相对独立又便于联系。大量的车位设在地下停车库，地面局部设置停车场，供酒店和会议中心使用，为项目提供充裕的停车位，满足日益增多的停车需求。

深挖体验途径，强调形式多元

视觉体验最为直接，在主题公园设计上，以色彩与质感的鲜明对比，形成视觉上的强烈冲击。听觉体验上，以自然界的声音和通过高新科技创造的声音相互融合，如流水、鸟鸣、雷电、风雨等。嗅觉体验上，以个性嗅觉体验设计为主要形式，将特定芳香气味的物质进行有效结合设计。活动体验上，为游客提供结合游玩、动态参与、文化知识普及、高科技游乐设施、刺激探险等为一体的主题公园。

作为建筑师不要光谈建筑的空间与外观，并不是建筑外观新颖或者是空间丰富，就意味着这个建筑物有活力、有生命力。真正有生命力的建筑应该能吸引人流、留住人流，有人气的建筑物才会有活力、有生命力。如果一个建筑经营不下去也没有人去维护，那么设计得再好也没有意义。

在做珠海长隆海洋王国之前，我理解的主题公园设计，无非就是海洋展览馆加上过山车之类的游乐设施，但是实际人在公园里的活动不是机械地先参观、然后坐过山车，最后吃个饭，买个纪念品……所以那种做法是脱离的，不是有机融合的。现在新的理念，应该说是第三代的主题公园的理念是要尽可能的多元，尽可能的复合，参观、游乐甚至餐饮的功能是可以叠加在一起，像鲸鲨馆里除水体参观外，还设有水底机动游戏，水底餐厅。主题公园在人流的调动方面，也是有很多的细节，在珠海长隆海洋王国里面总共布置了白鲸剧场、海狮海象表演场、海豚表演场三个表演剧场，为什么要设不同剧场？当然除了跟主题区域和动物类型有关，还和剧场气氛的营造、人流的调动有很多关系，比如说 10:00 白鲸剧场有个表演，12:00 在海狮海象剧场有个表演，然后 13:30 可能在海豚剧场又有个表演，不同的时间不同的剧场安排不同的表演。这样就可以充分把里面的人流调动起来，中间再穿插其他的一些元素，这样就有组织地把整个主题公园的气氛活跃了起来。

结合主题公园最新的理念以及业主最新的想法，在做规划和设计的时候就要配合去实现这些理念和想法。

统筹其他专业，保证项目落地

实际上任何一个设计都不是一个人做出来的，而是一个团队的成果。特别是长隆主题公园这种庞大的项目，涉及专业众多。那建筑师作为整个项目的总协调方，要统筹和协调项目中的各种问题。所以，当时广州市设计院跟长隆集团签了保底合约，就是要保证整个项目落地。

中国建筑设计界从 20 世纪 50 年代沿袭了苏联大而全的大院模式，以适应国家大规模建设的需要。周荣鑫先生在一篇文章中讲到 "只有国家设计院这样工种齐全、适当分工、严密配合的组织形式，我们才能够按照国家的统一计划，有领导、有步骤地完成大规模的设计任务。必须这样才能适应伟大的社会主义建设的需要。"

但是现在需要转变思路，建筑师不仅要广，更需要专，实际上任何一个设计都不是一个人做出来的，而是一个团队的成果。特别是长隆主题公园这种庞大复杂的项目，涉及专业众多，不仅包括建筑、园林、道路、给排水、电气、暖通、智能化等相关专业，还包括动物饲养、维生系统、包装系统等特殊专业，众多特殊要素导致其设计成为一个复杂的任务，还涉及不同专业之间，甚至不同专业公司之间的配合协调工作。

在建筑单体设计时，对于特别的展览、表演建筑，广州市设计院在设计过程中与动物专家沟通制定适合动物活动尺度的建筑空间，并对机动游戏设备、维生系统、亚克力展窗等非常规设计条件进行了深入了解，完成了从系统协调到大样细化的全部设计。

与一般的建筑群项目不同，园区室外机电管线种类数量繁多、错综复杂。供配电系统管线、弱电系统管线、给水排水系统管线、消防系统管线及空调系统管线等基本以埋地敷设为主，海洋类的综合性乐园还增加很多的海水制备管道，各种管道种类共 19 种。在设计前期阶段与各专业密切合作，与参加项目的相关公司，如动物维生系统设计团队 TJP 公司等加强协调，集中汇总了所有建构筑物结构基础、特种管线、地下设施的资料，作为管线综合设计信息参照，全方位展开管线设计。由于建筑布置的不规则性，难以采用设备综合管沟的做法，因此，如何科学地综合平衡各类地下管线、电缆井、阀门井也成了设计的一大难点。必须在设计初期初步划分各类管线的敷设路径，制定出管线交叉点处出现高程冲突时避让原则，施工图阶段根据上述原则对所有管线进行平面上和高程上的综合碰撞复核调整，需各个参与专业的密切配合，才能最终完成。

所以我理解建筑师在整个项目中主要还是起到一个协调统筹的作用，有点类似建筑师负责制，现在我们国家其实也在慢慢普及。

长隆海洋王国
Chimelong Ocean Kingdom

建设地点： 珠海长隆国际海洋度假区
建成时间： 2014 年 1 月
用地面积： 52.46 万平方米
建筑面积： 14.6 万平方米

长隆海洋王国项目吸取世界各地主题公园精华，充分运用高科技和长隆特有创意，与世界著名主题乐园设计公司 PGAV、TJP、MACK 和 WHITEWATER 合作配合，全面整合珍稀的海洋动物和极地动物、精彩的游乐设备和新奇的大型演艺，旨在打造具有中国特色的世界级主题公园梦幻海洋王国。设计主要融入四大理念：360 度全方位配套设施、沉浸式情景体验、科普展览齐全、先进技术应用。

整个公园按照"一心二环九区"进行规划布局，划分为入口区、欢乐大家庭区、极地区、河流区、海狮海象区、海豚区、海洋奇观区、中心湖区和后勤配套区 9 个区域。其内容更是囊括顶级机动游戏、珍稀动物展馆、大型剧场表演、餐饮、购物等多种综合娱乐。

沉浸式情景体验主要指原创大型游乐设施与珍稀动物展区相结合的独特设计，如在园区入口区设计了巨型的 LED 天幕，让游客身临其境。鲸鲨馆通过世界最先进的技术连接，给游客带来无敌海底奇观。北极熊馆，游客可以在冰山过山车上越

过全球首座北极熊展区，在感受风驰电掣、动感刺激的同时，近距离观赏北极熊们的可爱熊姿。

通过身临其境的表演、展示、游乐设备，突破了传统平面展示方式，提供多元化科学普及教育。像白鲸剧场和海豚表演场均为规模 3000~6000 人不等的表演场馆。轮流上演新奇、精彩的节目，每一场都由动物与演员和观众共同演绎，体现人和动物的和谐共处。通过互动的表演方式结合参观，突破传统平面展示方式，提供多元化科学普及教育。还有 5D 城堡影院拥有世界最大的永久性投影屏。世界最大的 3D 立体投影两项吉尼斯世界纪录。超过 1000 个最新科技的动感特效座椅，创造出视觉、感官与身临其境的真实体验。

在整个主题公园的设计和建设中都充分运用了世界上最先进的技术，像鲸鲨馆就荣获五大吉尼斯世界纪录，是整个珠海长隆国际海洋度假区世界领先实力的一个惟妙惟肖的缩影。如馆内有世界最大的水族馆（水体达 4.8 万升）、最大的水族箱（水体达 2.2 万升）、最大的亚克力板（39.6 米 ×8.3 米 ×0.65 米），最大的水族馆展示窗（39.6 米 ×8.3 米）及最大的水底观景穹顶（直径 12 米）。还有企鹅馆经过多方面的研

究分析，采取了一系列防冷桥、防结露及保温的措施，在一个场馆内，满足游客舒适的同时，设计了极地等不同温度企鹅展览区。海狮海象展示区通过 BIM 三维建模分析，辅助施工图设计，实现游乐设施安装精准度。

迪士尼、环球影城对于每个人来说都是很吸引人的，但这些并非我们的品牌，打造民族品牌是长隆的梦想，也是我们设计者的梦想。珠海长隆海洋王国是人造旅游资源，它的建成开放弥补横琴新区旅游资源空白，将使珠海和香港、澳门充分互补，打造世界级的国际旅游黄金三角，形成一个具有全球竞争力和吸引力的国际旅游目的地。与传统主题公园相比，长隆海洋王国更突出旅游度假区的一站式综合体验。从海洋酒店到海洋大街，从海洋主题餐厅到夜间烟花表演，再到大马戏观赏等，环环相扣，让游客感受到主题的丰盈、游乐的丰富，同时满足游客旅游休闲、购物娱乐、高档餐饮、主题酒店度假等多元体验需求。

设计团队：
广州市设计院、PGAV、TJP、MACK、WHITEWATER

主要设计人员：
马震聪、胡世强、韩建强、万志勇、钟慧华、梁晋恺、王伟江、赖海灵、万明亮、谭志昆、邹军、胡晨炯、孔红、张建新、黄俊光

重要获奖：

TEA 全球主题娱乐协会 2014 年度
唯一"主题公园杰出成就奖"

全国行业优秀勘察设计奖
建筑设计三等奖 | 水系统一等奖 | 电气三等奖

中国建筑学会建筑电气一等奖

中国智能建筑行业创新工程奖

广东省优秀工程勘察设计奖
建筑设计一等奖 | 水系统一等奖
结构二等奖 | 电气二等奖 | 智能化二等奖

海洋王国规划图

Theme Parks 主题公园

长隆海洋科学馆
Chimelong Marine Science Museum

建设地点： 珠海长隆国际海洋度假区
建成时间：在建
用地面积：39.95 万平方米
建筑面积：37.6 万平方米
建筑长度：1000 米

珠海长隆海洋科学馆是一座集动物展览、动物生活环境展示、动物科普教育、珍稀动物繁育、秀场表演、游乐餐饮零售于一身的大型综合建筑。炫酷的外观形似飞船，流畅的线条充满科技感。项目为主体钢筋混凝土框架 + 钢屋盖组合结构。屋盖网壳下为两大功能区：大鱼区，可容纳 5000 名游客在扇形阶梯看台观赏虎鲸表演；乐园区，游客可体验旋转风筝、转转船等众多游乐项目。该项目建成后，将拥有 5 项世界之最：最大海洋科学馆，总建筑面积 39.57 万平方米；最大虎鲸展览池，容量 5.5 万立方米；最大亚克力玻璃，尺寸 46.2 米 ×8.3 米；最大活体珊瑚缸，容量 2365 立方米；最大鲨鱼展示缸，容量 2732 立方米。

设计团队：

广州市设计院、汕头市建筑设计院、WWD、TJP

主要设计人员：

马震聪、万志勇、常煜、钟慧华、梁晋恺、杨涛、邬晓、赖海灵、贺宇飞、谭志昆、陈太锦、张建新、屈国伦、刘芳毅、崔子夏、朱阳星、徐文君

重要获奖：

第八届龙图杯全国 BIM 建筑信息模型大赛一等奖

智建中国国际 BIM 大赛二等奖

第十届"创新杯"建筑信息 BIM 应用大赛文化体育类 BIM 应用第二名

广东省优秀工程勘察设计奖｜BIM 二等奖

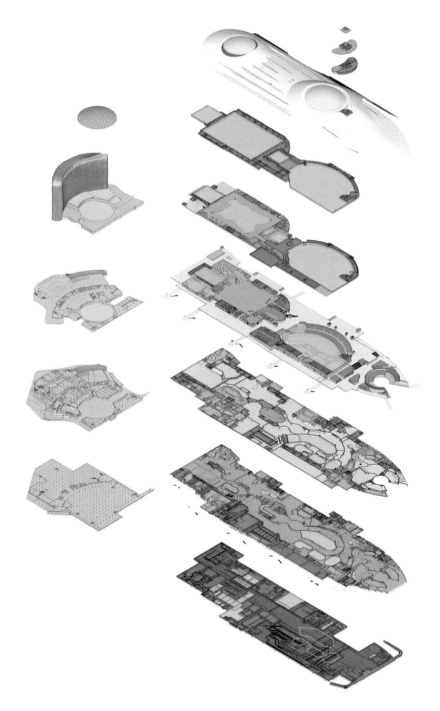

长隆海洋科学馆功能分布——轴测图

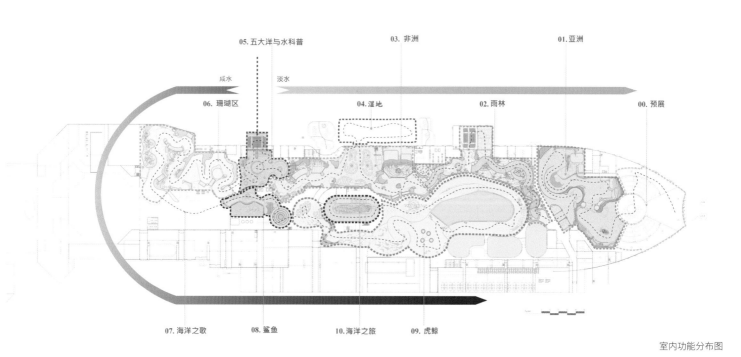

05. 五大洋与水科普　　03. 非洲　　01. 亚洲

咸水　淡水

06. 珊瑚区　　04. 湿地　　02. 雨林　　00. 预展

07. 海洋之歌　　08. 鲨鱼　　10. 海洋之旅　　09. 虎鲸

室内功能分布图

长隆剧院
Chimelong Theatre

建设地点：珠海长隆国际海洋度假区
建成时间：2019 年 6 月
用地面积：5.51 万平方米
建筑面积：6.51 万平方米

长隆剧院为规模全球领先、按国际高标准建造的综合演艺剧院，成功举办第六届中国国际马戏节开幕式，成为粤港澳大湾区新文旅地标。剧院主体采用钢管混凝土柱加混凝土梁板框架体系，屋盖结构为大跨度平面桁架体系，最大跨度约 96米，最高 43.65 米，场内拥有 6700 多个座席、270 度全景式环形舞台、三大水道舞台及水幕LED 等全新高科技演艺设备。

项目从娱乐建筑中提取元素进行再演绎，整体造型宛如起舞的舞台飞幕，形成具有动感张力、波浪起伏的建筑形象。建筑造型利用立面铝板进行渐变及旋转，融合了中国民间传统杂技表演服饰中最浓烈的色彩——金黄色、红色和蓝色，大胆的配色更能彰显剧院的娱乐建筑个性。金黄色作

为主色调，垂直而有节奏的网格结构在相反的方向转换成红色和蓝色，将复杂的曲线造型化解为模块化的色彩网格，巧妙的设计使得建筑呈现出律动的色彩，随着光影的变化更增添丰富的层次感。从城市不同视角中能充分感受到建筑形态及色彩变化带来的活力与趣味，设计充分体现了娱乐建筑的强烈个性。

平面布局采用双首层的概念，设置了对公众开放的二层室外平台，通过大台阶及坡道与主入口广场相连，高效解决了大规模观演人流进散场分流、满足业主高密度场次安排需求。架空平台及大台阶宛如围绕在主体周围的红色飘带，与入口广场形成环抱状，引导人们进入建筑内部。首层架空广场借鉴岭南建筑的被动式节能手法，设计了采

光天窗与天井，将阳光引入底层，营造了良好的微气候环境。首层及二层均设有观众前厅，通透的玻璃幕墙将室外铺地、园林景观等从室外延伸到室内，极大激活了室内空间。观众前厅之间结合外幕墙凸起造型设计了 4 个扶梯中庭，在扶梯行进中转换空间，兼顾观光，使室内外空间相互融合渗透，增加空间的流动性和层次感。

剧院的室内、景观、泛光设计紧密围绕娱乐秀场主题，室内延续立面的竖向元素，色彩延续并富于变化，具有鲜明的主题风格。广场上饰有俏皮图案，延续了建筑的曲线形态与色彩，与主体相得益彰。炙热的灯光将建筑特色勾勒得更显著，营造出热闹、奇幻的神话氛围。

设计团队：

广州市设计院

主要设计人员：

马震聪、万志勇、钟慧华、陈晓兰、杨涛、叶茂烜、韩建强、贺宇飞、陈太锦、屈国伦、张建新、熊伟、刘芳毅、庄子鹤、陈景鹏、伍瑶熙、徐文君、杨卫杰

重要获奖：
广州市优秀工程勘察设计奖
建筑设计二等奖 | BIM 一等奖 | 水系统一等奖
智能化一等奖 | 结构二等奖 | 电气二等奖
环境与设备二等奖

剧院剖面图

长隆横琴湾酒店
Chimelong Hengqin Bay Hotel

建设地点：珠海长隆国际海洋度假区
建成时间：2016 年 12 月
用地面积：15.87 万平方米
建筑面积：29.26 万平方米
客房数量：1888 间

长隆横琴湾酒店是中国最大的海洋生态主题酒店，也是珠海第一家超五星级豪华酒店。酒店拥有 1888 间宽敞豪华的客套房及 7 间风格各异的餐厅和酒吧，酒店宴会及会议场地包括一个 3000 平方米的超大型宴会厅，辅以一个 1300 平方米宴会厅，以及 26 间设备先进的多功能厅。酒店与海洋王国间开通一条近 1 公里长的大运河，客人可直接乘船往来，并同时欣赏沿河两岸风光。

酒店的外立面散布着海豚、海象、鱼类和其他海洋生物的雕塑，使酒店看起来像一个由海洋生物装饰的宫殿，宫殿的许多塔顶形成了酒店独特的外轮廓线。酒店尽可能使用当地材料，酒店的主题元素补充了毗邻海洋公园的主题设计，并捕捉到客人的想象力。酒店底层由在中国开采的石头建造。酒店色彩来自于大海的灵感，柔和中性色中加入跳跃的蓝色，正如海浪冲上沙滩的色彩。

酒店大堂富丽堂皇，8 根立柱被包装成独树一帜的海豚主题风格。宏伟的大堂空间高 15 米以上，海洋主题从这里持续到酒店的内部。酒店大堂为环形柱网，大跨度五层通高，通过钢骨转换梁转变为上部矩形柱网，实现了恢宏壮观的建筑效果。

设计团队：

广州市设计院、美国 WATG 设计公司

主要设计人员：

马震聪、杨穗红、陈志忠、黎文辉、陈永平、黄楚凡、李继路、张建新、柳巍、李柚、吕鹏、曹辛迪、甘兆麟、邝晓媚、郭娟黎、刘谨

重要获奖：

广东省优秀工程勘察设计奖
建筑设计三等奖 | 电气二等奖

长隆企鹅酒店
Chimelong Penguin Hotel

建设地点： 珠海长隆国际海洋度假区
建成时间： 2016 年 11 月
用地面积： 7.28 万平方米
建筑面积： 19.86 万平方米
客房数量： 1998 间

长隆企鹅酒店是全球大型企鹅极地主题酒店，作为主题公园的配套酒店，建筑设计和室内空间效果，都充分体现了公园的主题特点，展现了来自企鹅和极地的灵感。

酒店外墙装饰以横线条为主，以企鹅造型的塔楼、多彩极光色泽的墙身、波浪形的屋顶呼应极地海洋主题，结合海洋王国和大横琴山的壮美风景，形成了一个涵盖商业、娱乐等功能的活力场所。大堂内，13.8 米高的巨型企鹅雕塑是酒店的重要

标志。近 5000 平方米的"帝企鹅自助餐厅"不仅从装修布置、餐具设计中体现企鹅主题元素，设计还独创了养殖企鹅的企鹅庭院，庭院保持一个低温的状态，模拟极地生存的气候条件。企鹅在这空间中能体验冰山、海水、阳光。

客房里，以不同种类的企鹅为设计蓝本，营造出轻松真实的极地主题气氛，与横琴海洋王国遥相呼应。客房景观与室内细节酒店的客房区根据景观价值最大化原则，建筑呈两个 Y 字形拼合布局，

布局方式使得酒店每个客房均有良好的景观视线。高低错落的布置也形成了丰富的天际线，与周边山体海景融合为一体。

制造酒店装饰节点设计上，结合企鹅和乐园的主题，利用可塑性高，稳定耐久的 GRC 材质打造各种海浪装饰和企鹅雕塑，通过三维模型设计定位、工厂加工、现场拼装的数字化技术，让特异造型得到完美呈现。同时外墙漆的合理运用达到很好的造价经济性。

设计团队：广州市设计院

主要设计人员：

马震聪、姚迪、吴亭、雷磊、甘兆麟、郑峰、谭海阳、刘祖国、黎文辉、钟忱艺、郑星、聂珺、李翔、张林汉、曾国贤

重要获奖：

全国人居经典建筑规划设计方案竞赛建筑金奖

广东省优秀工程勘察设计奖
建筑设计三等奖 | 水系统三等奖

长隆熊猫酒店
Chimelong Panda Hotel

建设地点： 广州长隆度假区
建成时间： 2018 年 8 月
用地面积： 27.55 万平方米
建筑面积： 12.59 万平方米
客房数量： 1361 间

长隆熊猫酒店主要功能为游乐园旅游配套酒店，整栋建筑由五段高低错落的塔楼与裙楼组成，沿场地以折形展开，环抱整个长隆乐园景观，争取景观资源最大化。平面 Z 形的布置，弱化面宽连续、单一的效果，同时各分段折线面宽控制在80 米内。

造型灵动活泼，天际线变化多样，建筑造型构思来源于长隆熊猫主题动画的场景建筑元素，提取其中的建筑元素，让动漫场景的建筑变为现实，通过提炼跟融合，塑造一座梦幻的欧洲小镇。

立面设置造型塔，并结合空中绿化，打破立面面宽过长的视觉效果，化整为零。建筑外观设计中，熊猫造型的塔楼、动漫特色的屋顶造型、各种姿态的熊猫动漫雕塑等元素都是主题酒店给予游客独一无二童话式的欢乐感受。同时也契合了长隆游乐园区的建筑风格。

酒店外立面的动漫造型特色也是设计中的挑战，在施工跟设计中也是首次突破，采用建筑结构与GRC 技术相结合。完成各种动漫场景般的建筑物。展现出一个现实版的熊猫世界。

设计团队：

广州市设计院

主要设计人员：

马震聪、姚迪、吴汉斌、曾国贤、黎文辉、甘兆麟、胡星兴、欧阳长文、邓艳青、吴博冠、贺剑龙、张林汉、郭朋、韩昉、聂珺

重要获奖：

全国优秀工程勘察设计行业奖 | 建筑设计三等奖

广东省优秀工程勘察设计奖 | 建筑设计二等奖

项目年表
Chronology of Projects

POLY WORLD TRADE CENTER

2008
保利世界贸易中心

2009
佛山保利洲际酒店

ART

2010
湖南省人民会堂

2011
惠州电力生产
调度综合楼

2011
广州太古汇

2011

2011
天河方圆商务酒店

2012
三亚国际交流培训中心

GREEN

2011——2015

2014
珠海长隆海洋王国

2015
广州长隆动物世界
青龙山三期

2015
保利克洛维广场

2015

2015
白天鹅宾馆改造

空间金穗路北段

2014
郑州温哥华时代广场

2015
珠海华发喜来登酒店

2015
珠海长隆国际马戏城

2016
长隆横琴湾酒店

2016

珠海长隆企鹅酒店

2017
南航信息中心大楼

2017

2017
广州周大福金融中心

2018
珠海中心

2019
华南国际港航服务中心二期

2016 2017

阿里巴巴
华南运营中心

广州 TCL 大厦

珠海城市之心核心区
H02 地块 A1 区

广州寺右万科中心

广州知识城广场

横琴国际交易广场

横琴华发容闳高级中学

广州金控总部大楼

珠海国际会展中心（二期）

2018
广州长隆熊猫酒店

2020

2019
珠海长隆剧院

2020
唯品会公司总部大厦

广东小米互联网产业园

2020
十字门中央商务区
珠海国际会展中心城市绸带二期

珠海长隆海洋科学酒店

珠海长隆海洋科学馆

广州国际文化中心

保利增城区
金融总部项目

2021
...

广州白云机场噪声治理项目安置区

万科荟光大厦

南沙中交明珠国际

广州粤剧院

中国科学院强流重离子加速器

广州塔南广场

1998
广州市第一人民医院

2004
广州新机场航管塔

2004
湖南省政府新机关院办公区

2005
正佳广场

2008

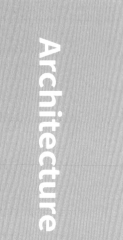

Architecture

2004
广州新白云国际机场南航基地办公楼

2005
广州大学教学区（二期）校、院级行政办公楼

2008
南海水城公寓

2002
南航碧花园

2006
保利国际广场

2007
白云机场铂尔曼大酒店

2007
广州东站商业广场

2008
保利商业水城

项目年表
Chronology of Projects

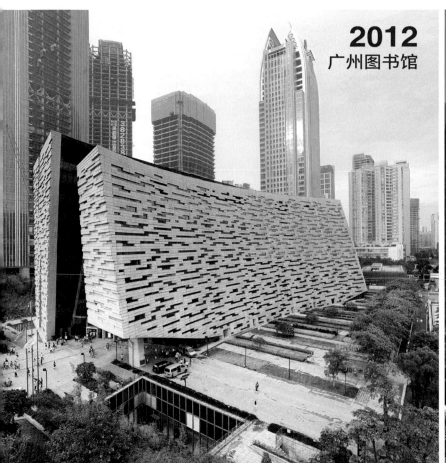

2012
广州图书馆

2012
珠江城

2012-2013
南丰汇环球展贸中心
南丰国际会展中心
广州朗豪酒店

2012

2013
华发公寓

2014
雅居乐中心

2014
广州市珠江新城批

参考文献
References

[1] 肖毅强. 地域谱系——岭南现代建筑流派及其影响 [J]. 时代建筑, 2015(05):64-69.

[2] 方家忠. 广州图书馆——一座纪念碑式的图书馆 [M]. 广州：广州出版社，2015.

[3] 马震聪. 技术进步与建筑创新——广州图书馆设计 [J]. 建筑技艺, 2016(04):24-31.

[4] 陈宗香. 岭南文化粤剧在剧场设计中的运用 [J]. 低碳世界, 2018(05):117-118.

[5] 陈满溶. 广州粤剧院空间集约化策略设计 [J]. 低碳世界, 2019,9(07):159-160.

[6] 马震聪. 在现代文明中体现传统——广州天河正佳商业广场设计 [J]. 南方建筑, 1997(03):24-25.

[7] 马震聪. 城市购物中心的交通组织 [J]. 南方建筑, 2004(02):23-25.

[8] 潘柳. 基于消费行为的购物中心商业业态规划及空间设计策略——以广州市东方宝泰购物广场
为例 [J]. 住宅与房地产, 2018(06):80-81.

[9] 黄惠菁, 马震聪, 李继路. 绿色节能建筑技术在亚热带地区超高层建筑中的应用 [J].
建筑学报, 2009(09):99-101.

[10] 黄惠菁, 马震聪. 珠江城项目绿色、节能技术的应用 [J]. 建筑创作, 2010(12):164-169.

[11] 广州市设计院. "0 碳"绿色建筑·珠江城 [J]. 建筑设计管理, 2014,31(11):4-5.

[12] 易丽敏. 白天鹅宾馆客房改造项目重点与难点 [J]. 低碳世界, 2017(05):154-156.

[13] 靳志强. 白天鹅宾馆保护更新的基本原则与思路分析 [J]. 中外建筑, 2014(05):101-103.

[14] 广州市设计院. 广州白天鹅宾馆更新改造工程 [J]. 建筑知识, 2016,36(03):98-99.

[15] 杨焰文. 基于全过程设计管理的绿色建筑设计思考——广州太古汇项目为例 [J].
南方建筑, 2013(03):69-72.

[16] 马震聪. 珠海长隆国际海洋主题公园创作探索 [J]. 南方建筑, 2017(06):122-126.

[17] 马震聪. 长隆企鹅酒店, 珠海, 中国 [J]. 世界建筑, 2018(05):52-53+116.

[18] 刘祖国. 关于主题酒店设计的探讨 [J]. 居舍, 2019(17):85.

[19] 陈志忠. 主题乐园度假酒店大堂空间设计浅析——以长隆系列度假酒店为例 [J].
城市建筑, 2019,16(06):72-76.

[20] 马震聪. 马震聪 [J]. 世界建筑, 2018(05):19+116.

后记
Epilogue

《艺匠广厦》作为广州市设计院集团有限公司（2021 年 6 月广州市设计院转制更名）作品系列丛书之一，精心策划、选材与编撰，历经数月努力，终于和大家见面了。这本书系统梳理了广州市设计院集团有限公司团队在岭南建筑文化、大型公共建筑与主题公园创作、技术创新、中外合作等方面的思考与实践，重点收录了我在广州市设计院工作期间主持的代表项目 22 项。本人从业 35 年，伴随改革开放，感受到建筑设计行业的飞速发展。前辈佘畯南院士"建筑是为人，而不是为物""宁可无得、不可无德""建筑师既要广又要专"的谆谆教导，郭明卓大师"建筑创作是一片沃土，只要辛勤耕耘，总有收获"的寄语，激励我一路前行。感谢长期以来支持广州市设计院集团有限公司发展的社会各界友人，感谢广州市设计院集团有限公司对我工作的支持，衷心感谢何镜堂院士、郭明卓大师的鼓励与作序，感谢参与本书编撰的所有人员。谨以此书向行业同仁交流汇报，多有疏漏，敬请批评指正。

马震聪

2021 年 6 月

作者简介
About the Author

马震聪
Ma Zhencong

1965　　生于广州

1982.09 ~ 1986.06　华南工学院建筑系 / 建筑学工学学士

1986.07 ~ 2019.10　广州市设计院 / 副院长兼总建筑师

2019.11　广州市建筑集团有限公司 / 副总经理、总建筑师

2021.06　广州市设计院集团有限公司马震聪大师工作室 / 负责人

擅长领域：

超高层大型城市综合体、文化、办公、酒店、主题公园等建筑

知名作品：

广州周大福金融中心 / 珠江城 / 广州图书馆 / 广州太古汇 / 广州粤剧院

珠海十字门会展商务组团一期 / 湖南省人民会堂 / 正佳广场

长隆海洋王国 / 长隆海洋科学馆 / 长隆剧院

长隆横琴湾酒店 / 长隆企鹅酒店 / 长隆熊猫酒店

获奖荣誉：

全国优秀工程勘察设计行业奖，一等奖 2 项、二等奖 7 项、三等奖 5 项

中国建筑学会建筑创作大奖，1 项

全国工程建设项目优秀设计成果奖，1 项

广东省优秀工程勘察设计奖，一等奖 6 项、二等奖 12 项、三等奖 10 项

广东省工程勘察设计行业协会科学技术奖一等奖，1 项

广东省优秀工程勘察设计奖科技创新专项二等奖，2 项

广东省优秀工程勘察设计奖绿色建筑专项二等奖，2 项

广东省土木建筑学会科技进步奖，2 项

广州市科技进步奖二等奖，1 项

2000 年　广东省劳动模范

2012 年　当代中国百名建筑师

2016 年　享受国务院特殊津贴专家

2018 年　广东省工程勘察设计大师

2018 年　广州市创新英雄

《艺匠广厦》编委会

顾　问：赵松林、李靓
主　编：马震聪
副主编：杨焰文、颜川梅
编　委：黄惠菁、吕向红、罗铁斌、白帆、常煜、姚迪、郑启皓、
　　　　杨穗红、陈志忠、钟慧华、高东、张伟安、朱乃伟、郭建昌

图片摄影特别鸣谢以下单位和个人：
深圳绿风建筑摄影有限公司
广州南社建筑设计文化有限公司
珠海长隆投资发展有限公司
广州图书馆
太古汇（广州）发展有限公司
太古汇文华东方酒店
中国烟草总公司广东省公司
白天鹅宾馆
王艮
陈汉添
等

图书在版编目（CIP）数据

艺匠广厦 = THE ART OF ARCHITECTURE / 广州市设计院集团有限公司, 马震聪编著. -- 北京 : 中国建筑工业出版社, 2021.6

ISBN 978-7-112-26169-7

Ⅰ. ①艺… Ⅱ. ①广… ②马… Ⅲ. ①建筑设计 Ⅳ. ① TU2

中国版本图书馆 CIP 数据核字 (2021) 第 096699 号

责任编辑：刘　丹　陆新之
责任校对：芦欣甜
书籍设计：林力勤　韩菁菁　李丽敏　李真海

艺匠广厦
THE ART OF ARCHITECTURE
广州市设计院集团有限公司　马震聪　编著
＊
中国建筑工业出版社出版、发行 (北京海淀三里河路 9 号)
各地新华书店、建筑书店经销
广州市天河清粤彩印厂印刷
＊
开本：880毫米×1230毫米　1/16　印张：16　字数：474 千字
2021 年 8 月第一版　2021 年 8 月第一次印刷
定价：**198.00**元
ISBN 978-7-112-26169-7
　　　（37752）